工业和信息化人才培养规划教材
Industry And Information Technology Training Planning Materials

边做边学
物联网技术

王恒心 陈锐 主编　化希鹏 徐军 李承中 副主编

Internet of Things Technology

人民邮电出版社
北京

图书在版编目（CIP）数据

边做边学物联网技术 / 王恒心，陈锐主编. -- 北京：人民邮电出版社，2016.2
工业和信息化人才培养规划教材
ISBN 978-7-115-41041-2

Ⅰ. ①边… Ⅱ. ①王… ②陈… Ⅲ. ①互联网络－应用－教材②智能技术－应用－教材 Ⅳ. ①TP393.4 ②TP18

中国版本图书馆CIP数据核字(2015)第273846号

内容提要

本书采用了与基于知识点结构的传统课程架构不同的架构，遵循先局部后整体、先具体后抽象的认知特点，力求建立以项目为核心，以兴趣为导向的课程教学模式，倡导“先做后学、边做边学”的体验式教学方式。全书通过体验物联网关键技术、感知物联网所引发的IT浪潮、感受物联网行业应用这3个基本篇章来深化学生对物联网的认知，引发其兴趣，促使其快速入门；通过认知物联网相关企业和高校、创新实践这2个拓展篇章来增强学生的选择意识和创新能力，勾勒职业发展蓝图，为后续的学习和工作做好铺垫。

本书可用于职业院校物联网应用技术专业学生的入门导论课程和信息技术类相关专业的选修课程，也可作为其他专业选修课程的教材和物联网科普读物。

◆ 主　　编　王恒心　陈　锐
副 主 编　化希鹏　徐　军　李承中
责任编辑　王　威
责任印制　杨林杰

◆ 人民邮电出版社出版发行　北京市丰台区成寿寺路11号
邮编　100164　电子邮件　315@ptpress.com.cn
网址　http://www.ptpress.com.cn
廊坊市印艺阁数字科技有限公司印刷

◆ 开本：787×1092　1/16
印张：15　2016年3月第1版
字数：392千字　2024年7月河北第14次印刷

定价：36.00元

前言

2010年3月,《政府工作报告》将"加快物联网的研发应用"明确纳入重点振兴产业，这代表着中国传感网、物联网的"感知中国"已成为国家的信息产业发展战略。2013年2月《国务院关于推进物联网有序健康发展的指导意见》文件中确定将物联网作为我国战略性新兴产业的一项重要组成内容，并加大扶持政策。

目前，物联网发展已成为全球趋势，我国各个领域将会形成物联网雏形，其发展将涵盖几乎所有的领域。随着物联网时代的来临，为迅速抢占物联网先机，新型的企业将会纷纷崛起，为争夺"物联网"这块新领域，势必造成物联网行业出现"井喷"之势，该行业的人才将出现严重供应不足。

物联网作为战略性新兴产业正在被不断推进，它迫切需要完整的人才体系支撑。计算机类专业向下一代信息技术新兴专业过渡已成为必然，许多学校的计算机网络技术专业已经具备成功转型到物联网专业的良好条件。

在此背景下，我们要加强物联网专业建设，抓住职业教育新一轮课改的契机，开发适用的教材，从而顺应社会发展、师生发展的需要。

● 本书内容

全书共设计了体验物联网关键技术、感知物联网所引发的IT浪潮、感受物联网行业应用这3个基本篇章以及认知物联网相关企业和高校、创新实践这2个拓展篇章。教材内容先以体验物联网传感器、RFID等关键技术为前导，继而引发到物联网智能家居、智能农业等行业应用的整体感受。在感性认知基础上，学生可结合自身生活实际，思考什么是物联网，以及物联网未来的发展方向。这一流程的设计遵循先局部后整体、先具体后抽象的认知特点。认知物联网相关企业和高校以及创新实践这2个篇章属于拓展模块，该模块着眼于为学生的就业和升学服务，同时通过创新任务的探索和实现来提升学生创新能力，为后续学习专业内容服务。

● 本书特色

本书的设计充分体现了"做中学""学中做"理念，通过应用情境的故事化和项目设计的趣味性来培养学生的学习兴趣，摒弃空洞的理论讲解，借助大量的操作实践来感知、体验物联网关键技术与应用。教材以教学项目的实施为主线，注重实践性，通过在任务中穿插与之关联的知识链接来扩充学生的知识面，通过适量的学习资源和视频材料来引导学生自主学习，在任务实施中强调企业文化和职业素养的渗透，并通过设置创新模块来提升学生的创新意识和创造能力。

教材编写工作由专业带头人、骨干教师、物联网知名企业和兄弟院校教师共同组成开发团队。开发过程引入企业项目资源，综合各校所积累的教学经验，通过校企、校际合作的方式来把控教材内容的科学性、新颖性和适用性。本教材符合职业教育课程改革所提倡的选择性精神。

● 课程目标

本课程目标为能够通过搭装智能硬件和实现简单功能来体验传感器、二维码、RFID 等物联网关键技术；通过使用仿真的物联网应用系统来感受智能家居、智能农业、智慧医疗等行业应用；从行业、专家、老师的不同视角，以及从身边寻找物联网的实践行动来理解物联网的概念，并以生活化、形象化的方式展望物联网的未来，激发学生对物联网专业后续学习的兴趣；能够形成对物联网相关企业、高校的初步认知，渗透企业文化和职业素养要求，增强学生就业和升学的选择意识；设置趣味性较强的树莓派、手机 App 等创新任务来引发学生的创新意识，培养学生的创造力、自主学习和实际应用能力；借助于对大量设备、配件和耗材的组织、分配、整理和保管工作，强化学生的劳动纪律、组织管理能力和安全、节约意识。

● 教学建议

建议教师采用互联网教学环境，尽可能地在互动的环节中完成教学任务，教学参考学时数为 72 学时（见下表），最终课时的安排，教师可因培训教学计划的安排、教学方式的选择（集中学习或分散学习）、教学内容的增删自行调节。我们还提供本书编写团队拍摄的物联网八大典型应用的体验式教学视频，以供教学使用。

篇章名称	任务名称	课时数
第一篇：体验物联网关键技术	项目一：体验传感器技术	8
	项目二：体验条码识别技术	6
	项目三：体验 RFID 技术	6
第二篇：感知物联网所引发的 IT 浪潮	项目一：认识物联网	6
	项目二：感受物联网	6
	项目三：展望物联网	6
第三篇：感受物联网行业应用	项目一：感受智能家居应用	6
	项目二：感受智能农业应用	4
	项目三：感受智能医疗应用	2
第四篇：认知物联网相关企业和高校	项目一：认识物联网知名企业	6
	项目二：认知高校物联网专业	4
第五篇：创新实践	项目一：爱上树莓派	4
	项目二：玩转 Android App	4
	项目三：DIY PVCBOT	4

● 教学评价

全面考核学生的专业能力和关键能力，采用过程评价和结果评价相结合，定性评价与定量评价相结合的考核方法。考核由学习与工作中的观察、口头或书面提问、专业技能考核等几部分形成，由老师结合考勤情况、学习工作表现、团队合作情况、子任务完成情况、最终项目呈现效果等，综合评定学生成绩。应注重对学生动手能力和在实践中分析问题、解决问题能力的考核，对在学习和应用上有创新的学生给予特别鼓励。

考核评价表

内容	目标	标准	方式	权重	自评	评价
出勤与安全状况	让学生养成良好的工作习惯	100	以100分为基础，按这五项的权值给分，其中“任务完成及项目展示汇报情况”具体评价见“任务完成度”评价表	占学习情境总分值10%		
学习、工作表现	学生参与工作的态度与能力			占学习情境总分值20%		
回答问题的表现	学生掌握知识与技能的程度			占学习情境总分值20%		
团队合作情况	小组团队合作情况			占学习情境总分值10%		
任务完成及项目展示汇报情况	小组任务完成及汇报情况			占学习情境总分值40%		
创造性学习（附加分）	考核学生创新意识	10	教师以10分为上限，奖励工作中有突出表现和特色做法的学生	加分项		
学习情境成绩=出勤状况×20%+学习及工作表现×20%+知识及技能掌握×20%+团队合作情况×10%+任务完成情况×30%+创造性学习						

总评成绩为各学习情境的平均成绩，或以其中某一学习情境作为考核成绩。

● 编者与致谢

本书由王恒心、陈锐主编，上海企想信息技术有限公司副总经理吴骞和北京新大陆时代教育科技有限公司张方毅经理任顾问。其中：第一篇的项目一、项目三，第三篇的项目三由王恒心编写；第一篇的项目二由何凤梅编写；第二篇由化希鹏编写；第三篇的项目一、项目二由徐军编写；第四篇由李承中、蔡庆贺编写；第五篇由陈锐、赵堃堃编写。本书还得到浙江掌尊信息科技有限公司的大力支持和帮助，在此谨表示衷心的感谢。

由于编者水平有限，加上物联网技术发展日新月异，书中难免存在错误或疏漏，敬请广大读者批评指正。

编者

2015年冬

目　录　CONTENTS

第一篇　体验物联网关键技术

项目一　体验传感器技术　3

项目二　体验条形码识别技术　23

项目三　体验 RFID 技术　46

第二篇　感知物联网所引发的 IT 浪潮

项目一　认识物联网　62

项目二　感受物联网　76

项目三　展望物联网　91

第三篇　感受物联网行业应用

项目一　感受智能家居应用　102

项目二　感受智能农业应用　118

第四篇　认知物联网相关企业和高校

第五篇　创新实践

项目二 玩转 Android App 200

项目三 DIY PVCBOT 217

附录 本教材使用的设备、配件和材料参考 229

第一篇

体验物联网关键技术

情景描述

冬天的一个早晨，天还未亮，小董同学在闹钟的催促下迅速起床，并按照“生活小助理”提示的穿着建议穿好衣服，匆忙赶去上学。他快速地顺着楼梯走下，所经过的地方灯自动亮起，到了一楼，大楼玻璃门自动开启。在公交站候车时，候车牌上提示公交车距离该站还有1 800 米。小董随手拿起手机拍一下 LED 屏幕上的肯德基广告便得到了自己中意的套餐优惠券，拍一下运营商广告便可完成手机话费充值。新一代信息技术给人们生活、工作带来的便捷、舒适和高效，怀着对未来世界的美好憧憬，让我们开启智慧大门，携手走进物联网，共同体验物联网的关键技术。

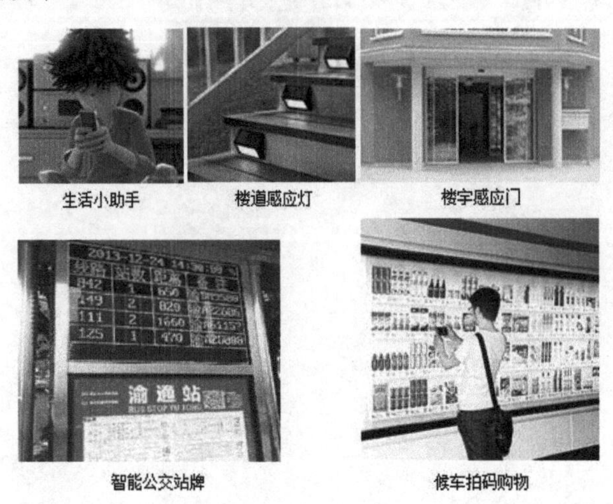

生活小助手　楼道感应灯　楼宇感应门

智能公交站牌　候车拍码购物

学习目标

能够理解传感器的作用，能够通过运行简单的程序实现传感器功能。

能对各种传感器进行分类，能够认识多种形式的传感器产品。

能够区分各类一维、二维条码技术，能够制作个性化二维码。

能够认识各种各样的电子标签，初步认知各种标签的性能与作用。

能够通过简单的 RFID 应用，了解 RFID 技术的基本工作机制和应用场合。

PART 1 项目一 体验传感器技术

项目目标

灵活运用 Arduino 传感器套件，借助 ArduBlock 积木式程序编辑工具，制作楼道人体感应灯和光控路灯，实现环境检测报警、红外测距等功能。通过实践操作环节体验传感器在自动控制技术中的作用，认识传感器类别和具体产品及应用。

知识准备

Arduino 是一款便捷灵活、方便上手的开源电子原型平台，包含硬件（各种型号的 Arduino 板）和软件（Arduino IDE）。Arduino 所支持的数字传感器覆盖了 99%的市场，它能够实现将模拟输入转换为数字输入，可以将光线、温度、声音或者市场上已有的任何低成本的传感器信号输入，进行识别，具有广泛的适用性。

Arduino 传感器套件由 Arduino 主板、扩展板和大量的传感器配件组成。

1. Arduino 实验环境的搭建

Arduino 实验环境搭建步骤如下。

（1）软件下载与安装

Arduino 开发软件下载地址为 http://arduino.cc/en/Main/Software，将下载到的压缩包解压到硬盘。根据向导安装好 Arduino 开发环境，安装完毕后所呈现的软件图标如图 1–1 所示。

图 1–1 Arduino 开发软件快捷方式

（2）驱动安装

将 Arduino 开发板通过USB 数据线连接到计算机，连接方式如图 1–2 所示，连接后系统会提示“发现新硬件 Arduino UNO”，引导我们进入“找到新的硬件向导”窗口，如图 1–3 所示。

图 1–2　Arduino 板连接计算机

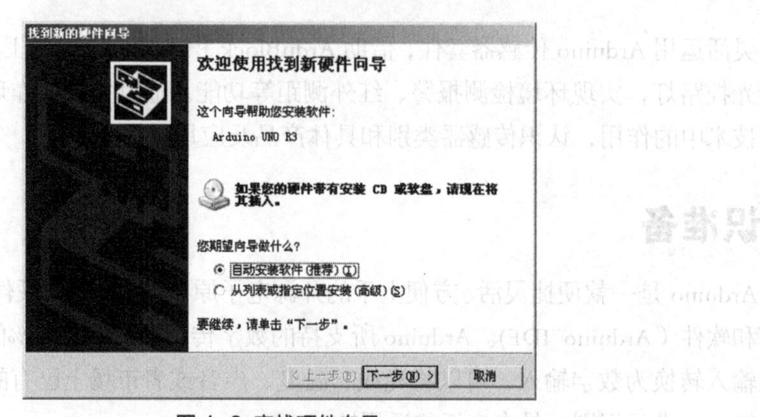

图 1–3　查找硬件向导

安装 Arduino UNO 所需的驱动，选取其中的“从列表或指定位置安装（高级）”选项后单击“下一步”按钮。Arduino UNO 驱动放在 Arduino 1.0.5 安装目录下的 drivers 文件夹中，如图 1–4 所示，我们需要指明该目录为安装驱动时搜索的目录，如图 1–5 所示。

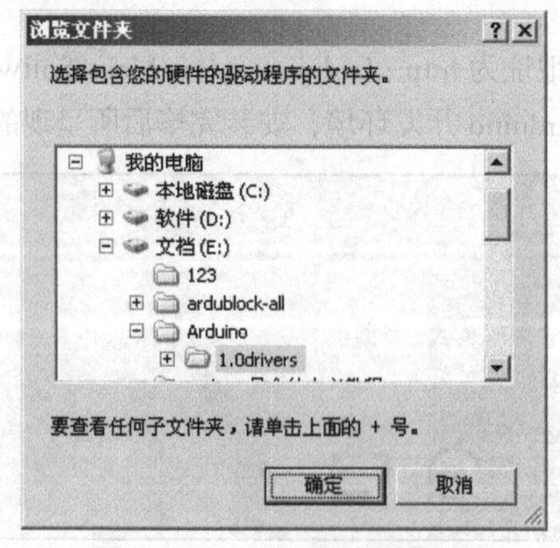

图 1–4　Arduino 驱动存放目录

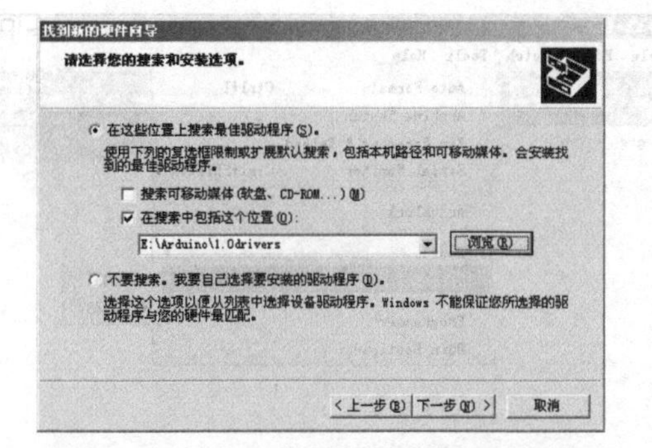

图 1-5　Arduino 主板安装驱动时搜索的目录

单击“下一步”按钮后，系统就开始查找并安装 Arduino 驱动程序，如图 1-6 所示。如果一切正常的话，可以在 Windows 设备管理器中找到相应的 Arduino 串口，如图 1-7 所示的效果。

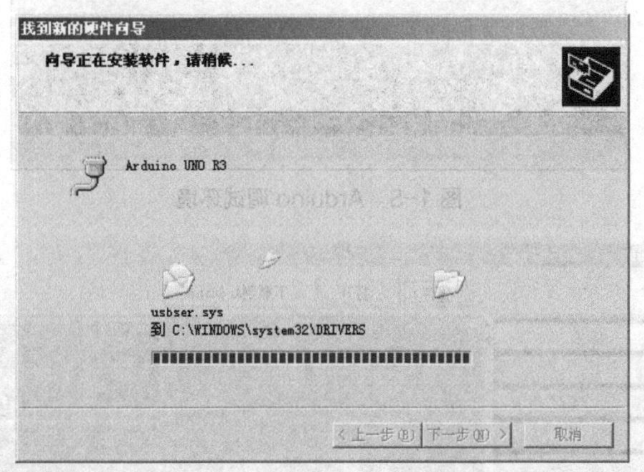

图 1-6　Arduino 主板安装驱动

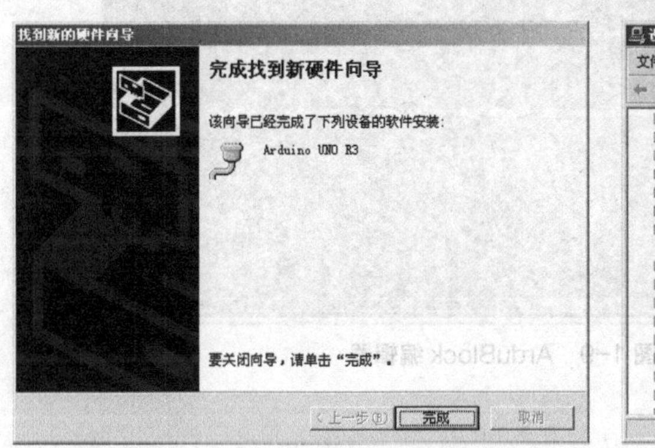

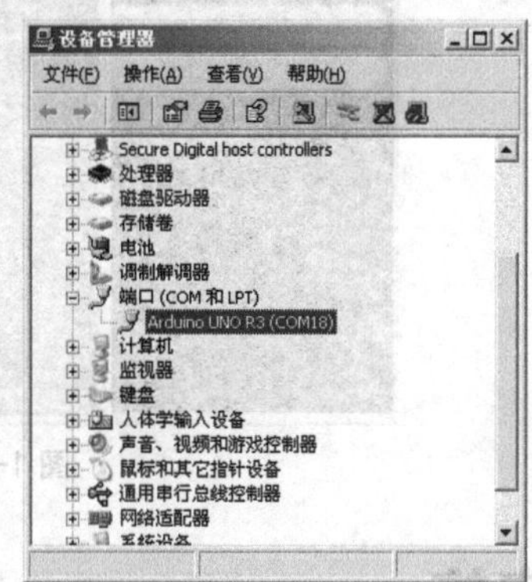

图 1-7　Arduino 主板驱动安装成功

2．ArduBlock 基本介绍

开发软件与驱动安装完毕后，打开调试环境，如图 1-8 所示，在“Tools”菜单的“Serial Port”菜单项中选择新增的串口号，如“COM23”。在“Tools”菜单中选择“ArduBlock”可以打开如图 1-9 所示的积木式程序编辑器，它包含控制、引脚、常用计算、实用命令等工具面板，各工具模块的使用方法将会在后续所涉及的实验中详细讲解。

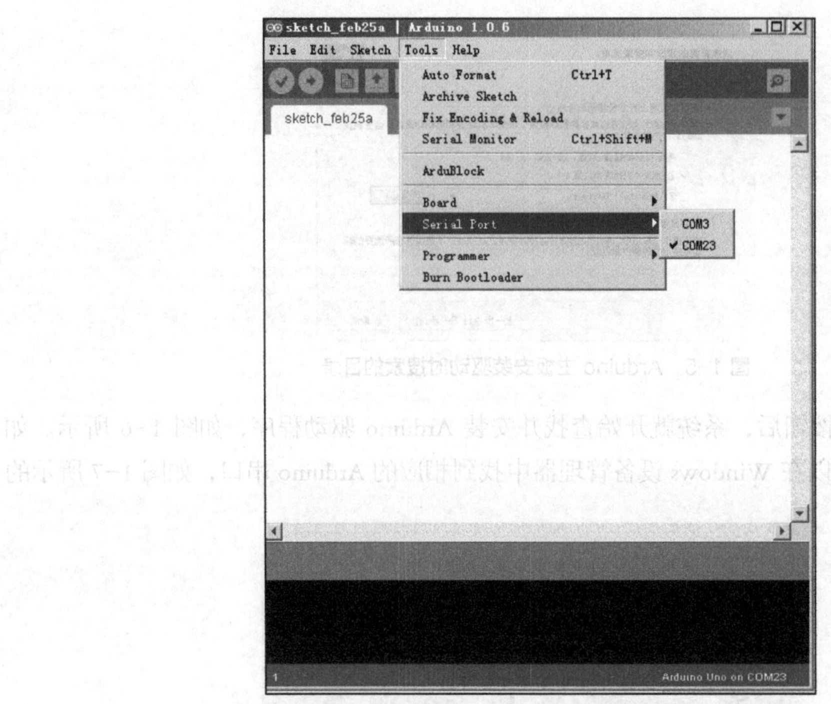

图 1-8 Arduino 调试环境

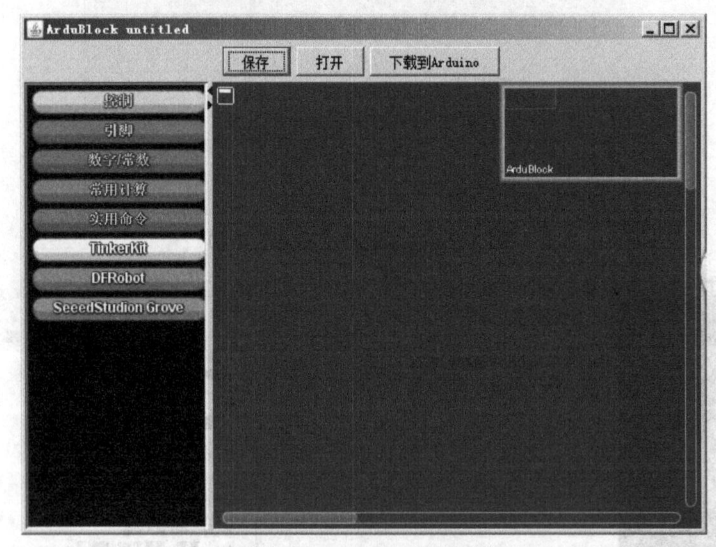

图 1-9 ArduBlock 编辑器

项目实施

任务 1 制作楼道人体感应灯

1. 实验器材

实验器材包括主控板一块、扩展板一块、LED 灯模块（红灯）一个、人体热释电红外传感器一个、绿红黑数字连接线二条、数据线一条、PC 一台。如图 1-10 所示。

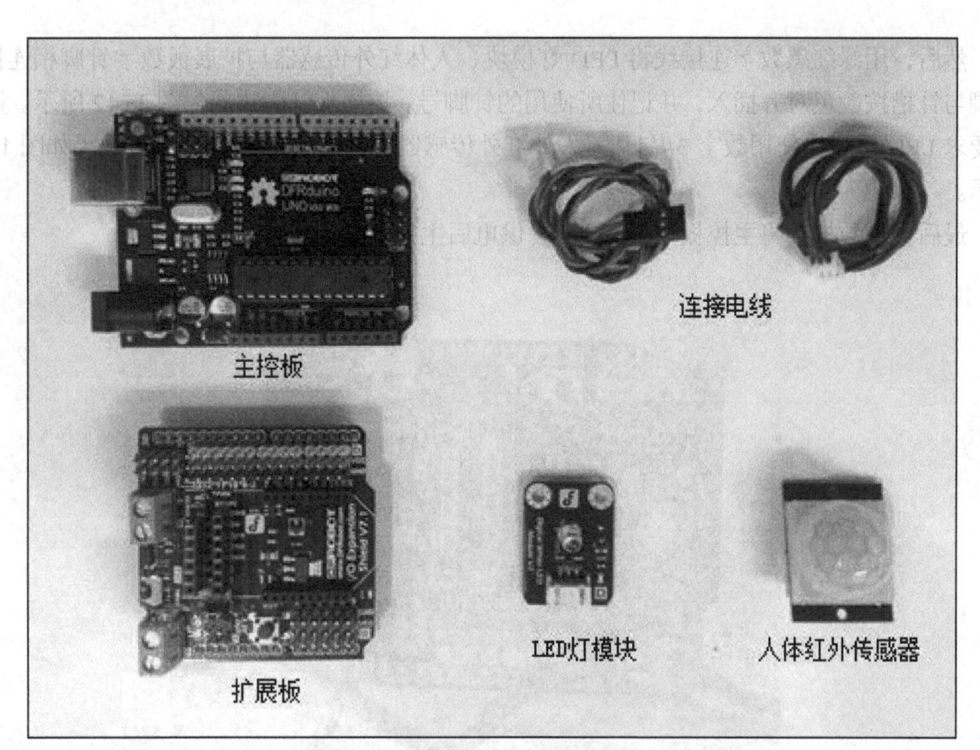

图 1-10　楼道人体感应灯实验器材

2．功能说明

当人员接近（在 7 米之内）人体热释电红外传感器时，LED 灯（白）点亮；当人员远离（在 7 米之外）该传感器时，LED 灯（白）熄灭。这一效果与楼道人体感应灯功能相拟。当楼道有人员经过时，人体红外传感器感受与识别出人的存在，则楼道灯自动开启；当人离开时，楼道灯自动熄灭这样不仅方便路人行走，而且起到了节能的功效。

3．物理连接

首先，将扩展板的针脚对齐插入主控板的针槽内，使二者相连接，其中 14 针这一侧如图 1-11(a)所示，对齐红蓝针槽插入，18 针那一侧如图 1-11(b)所示，对齐绿色针槽插入。

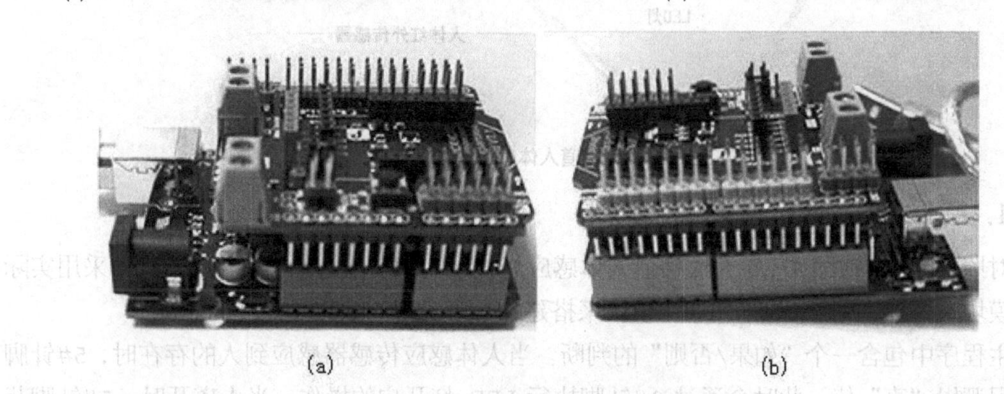

(a)　　(b)

图 1-11　扩展板与主控板的连接

然后，用绿红黑数字连接线将 LED 灯模块、人体红外传感器与扩展板数字针脚相连接，针脚与针槽按颜色对齐插入，并记住所使用的针脚号。扩展板针脚布局如图 1-12 所示。该实验要求 LED 灯模块使用数字 3#针脚，人体红外传感器使用数字 5#针脚，连接效果如图 1-13 所示。

最后，用数据线将主控板与 PC 相连，供电后主控板指示灯点亮。

图 1-12　扩展板 IO 引脚图

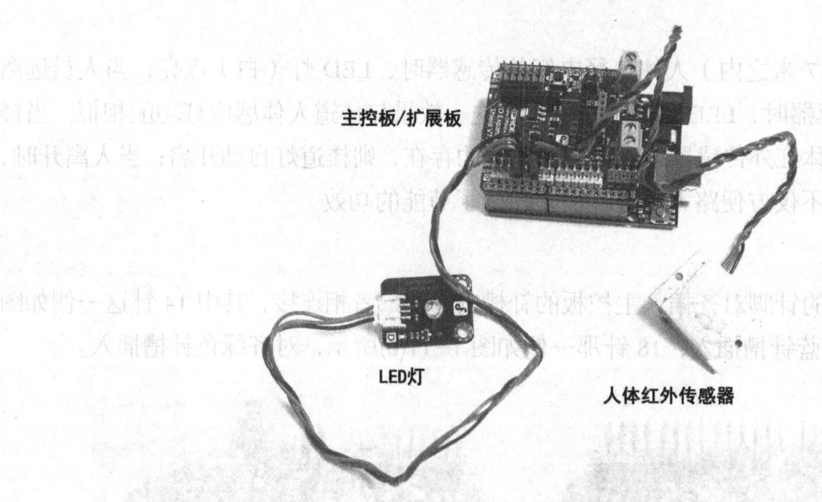

图 1-13　楼道人体感应灯物理连接

4．程序编辑与运行

对照图 1-14 或图 1-15 完成楼道人体感应灯程序的编写与运行。其中图 1-14 采用实际产品模块来搭建，图 1-15 采用通用模块来搭建，二者实现的效果是一样的。

主程序中包含一个“如果/否则”的判断。当人体感应传感器感应到人的存在时，5#针脚将获得逻辑“真”值，此时会通过 3#针脚执行 LED 灯开启的操作；当人离开时，5#针脚获得逻辑“假”值，此时会通过 3#针脚执行 LED 灯关闭的操作。由于主程序一直处于运行状态，LED 灯将会一直随着人的移动而智能地开关。

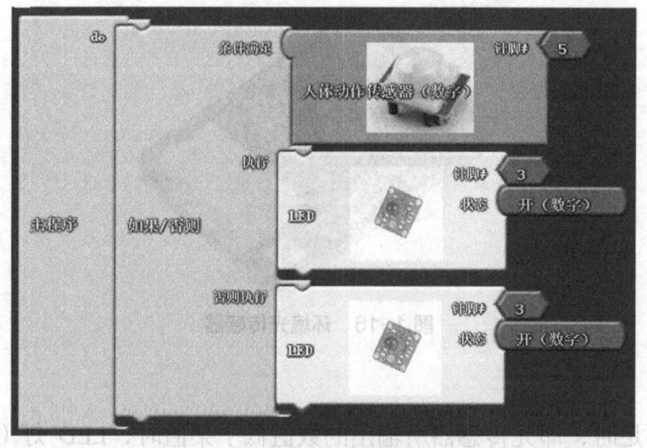

图 1-14　楼道人体感应灯程序 1

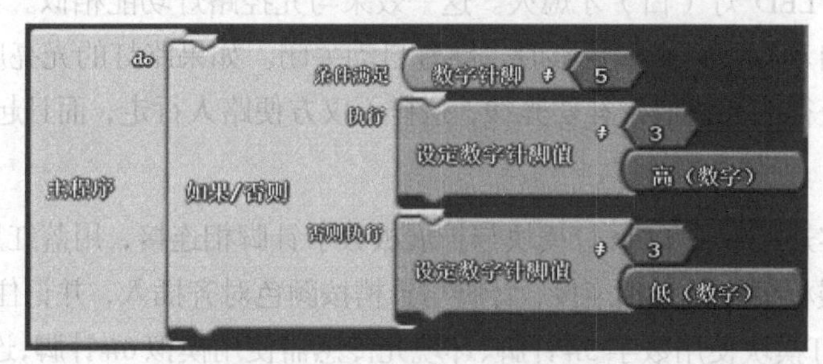

图 1-15　楼道人体感应灯程序 2

知识小链接：热释电红外传感器

热释电红外传感器是一种新型敏感元件，由高热电系数材料、滤光镜片、阻抗匹配用场效应管组成。它能以非接触方式检测出来自人体发出的红外辐射，将其转化成电信号输出，并可有效抑制人体辐射波长以外的外干扰辐射，如阳光、灯光、反射线等，可以应用于各种需要检测运动人体的场合。由该传感器做成的热释电红外开关能自动快速开启各类白炽灯、荧光灯、蜂鸣器、自动门、电风扇、空调等装置，特别适用于企业、宾馆、商场、库房、教室、过道、走廊等敏感区域，或用于安全区域的自动灯光、照明和报警系统。

试一试

借助楼道红外感应灯实验的成功经验，制作红外感应报警器，当有人员进入某个区域时，LED 报警灯（即红灯）自动开启，同时蜂鸣器自动鸣叫，直到人员离开为止。

任务 2　设计光控路灯

1．实验器材

实验器材包括主控板一块、扩展板一块、LED 灯模块（白灯）一个、环境光传感器一个（见图 1-16）、绿红黑数字连接线一条、蓝红黑摸拟连接线一条、PC 一台。

图 1-16 环境光传感器

2．功能说明

当环境光线不足时，即光传感器所输出的数值低于某值时，LED 灯（白）点亮，直到输出值高于该值时，LED 灯（白）才熄灭。这一效果与光控路灯功能相似。当外界光线暗淡需要照明时，路灯自动打开；光线足够时，路灯自动关闭。如果路灯的光亮度可调的话，还可以根据光传感器获得的光线值来补偿光线，这样不仅方便路人行走，而且起到了节能的功效。

3．物理连接

用绿红黑数字连接线将 LED 灯模块与扩展板数字针脚相连接，用蓝红黑模拟连接线将环境光传感器与扩展板模拟针脚相连接，针脚与针槽按颜色对齐插入，并记住所使用的针脚号。该实验要求 LED 灯模块使用数字 3#针脚、环境光传感器使用模拟 0#针脚，连接效果如图 1-17 所示。

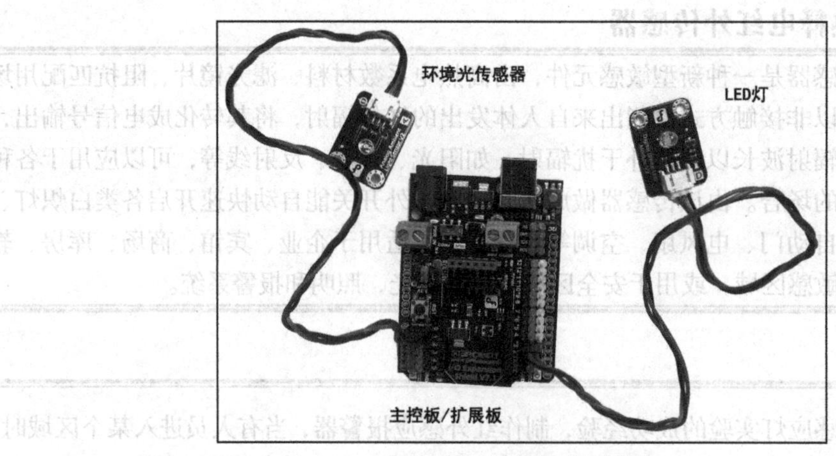

图 1-17 光控路灯物理连接

4．程序编辑与运行

对照图 1-18 完成光控路灯程序的编写与运行。首先从模拟 0#号针脚中获得光照数值，并赋值给变量 *light*；然后在串口监视器中动态呈现光照值，为了防止数字变化过快，可以让每一次的呈现都延迟 200ms。如图 1-19 所示，左侧窗口是自然状态下所呈现出的光照值情况，右侧窗口是用手遮挡住环境光传感器后所呈现出的光照值情况；最后根据 *light* 变量值进行“如果/否则”判断。当变量值小于 30 时，则通过 3#针脚执行 LED 灯开启的操作；当变量值大于等于 30 时，则通过 3#针脚执行 LED 灯关闭的操作。由于主程序一直处于运行状态，LED 灯将会一直依据光线亮度智能地开关。

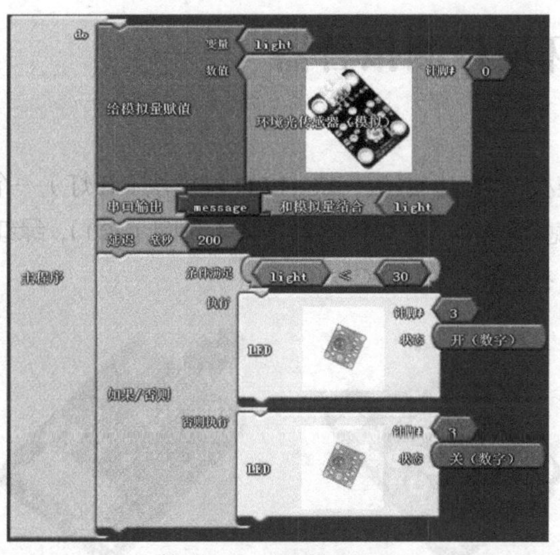

图 1-18　光控路灯程序

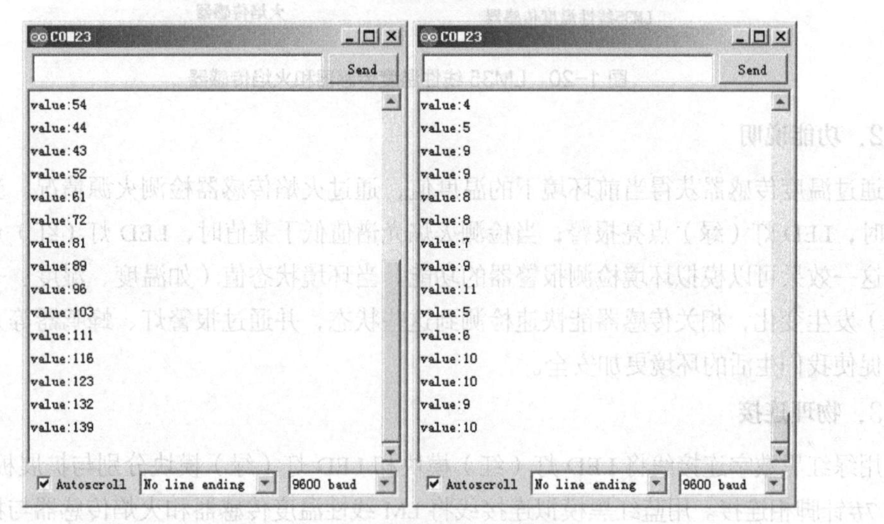

图 1-19　串口监视器窗口光照值对比

知识小链接：环境光传感器

基于 PT550 环保型光敏二极管的光线传感器，可以用来对环境光线的强度进行检测。通常用来制作随光线强度变化产生特殊效果的互动产品。环境光传感器可以感知周围光线情况，并告知处理芯片自动调节显示器背光强度，降低产品的功耗。例如，在手机、笔记本等移动应用中，显示器消耗的电量高达电池总电量的 30%，采用环境光传感器可以最大限度地延长电池的工作时间。另外，环境光传感器有助于显示器提供柔和的画面。当环境亮度较高时，使用环境光传感器的液晶显示器会自动调成高亮度。当外界环境较暗时，显示器就会调成低亮度，实现自动调节亮度。

试一试

借助光控路灯实验的成功经验，制作噪音检测器，当噪音值高于某值时，LED 报警器（即红灯）自动开启，同时蜂鸣器自动鸣叫，直到该值降低到正常状态后停止。

任务 3　制作环境检测报警器

1．实验器材

实验器材包括主控板一块、扩展板一块、LED 灯模块（红灯）一个、LED 灯模块（绿灯）、一个、LM 线性温度传感器一个、火焰传感器一个（见图 1–20）、绿红黑数字连接线两条、蓝红黑摸拟连接线两条、打火机一个、PC 一台。

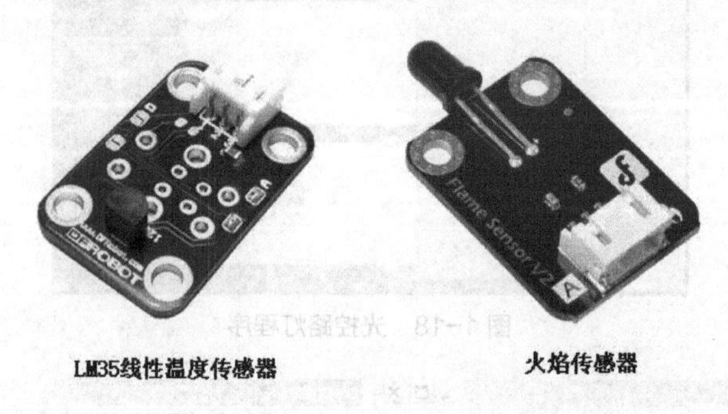

图 1–20　LM35 线性温度传感器和火焰传感器

2．功能说明

通过温度传感器获得当前环境下的温度值，通过火焰传感器检测火源情况。当温度高于某值时，LED 灯（绿）点亮报警；当检测火焰光谱值低于某值时，LED 灯（红）点亮报警。

这一效果可以模拟环境检测报警器的功能。当环境状态值（如温度、湿度、一氧化碳浓度等）发生变化，相关传感器能快速检测到这些状态，并通过报警灯、蜂鸣器等方式进行报警，促使我们生活的环境更加安全。

3．物理连接

用绿红黑数字连接线将 LED 灯（红）模块和 LED 灯（绿）模块分别与扩展板数字 3#和数字 7#针脚相连接。用蓝红黑模拟连接线将 LM 线性温度传感器和火焰传感器与扩展板的模拟 0#针脚和模拟 5#针脚相连接。针脚与针槽按颜色对齐插入，并记住所使用的针脚号。连接效果如图 1–21 所示。

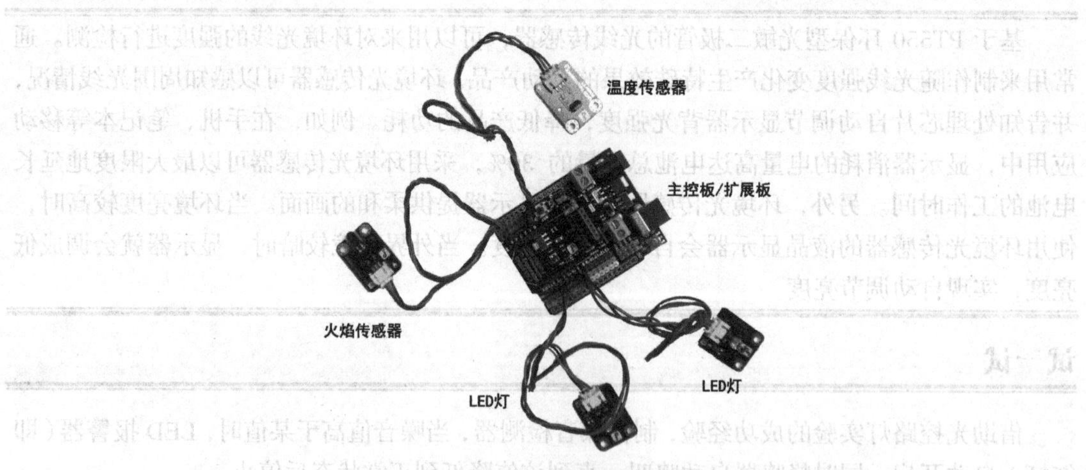

图 1–21　环境检测报警器物理连接

4．程序编辑与运行

对照图 1-22 完成环境检测报警器程序的编写与运行。首先从模拟 0#针脚中获得火焰光谱值，从模拟 5#针脚获得温度值，分别赋值给变量 *flame* 和 *temp*，其中温度值的换算公式为 (*temp*×5)÷10；然后在串口监视器中动态交替呈现火焰光谱值和温度值，为了防止数字变化过快，可以加上 1000ms 的延迟时间。如图 1-23 所示，左侧监视器窗口是自然状态下所呈现出的火焰光谱值和温度值情况，右侧窗口是用手握住温度传感器促使升温后所呈现出的温度值情况和用打火机火焰靠近火焰传感器后所检测到的状态；最后根据 *flame* 和 *temp* 变量的值分别进行“如果/否则”判断，当 *temp* 值大于 40℃时，则通过 3#针脚执行 LED 灯（绿）开启的操作；当 *flame* 值小于等于 1010 时，则通过 7#针脚执行 LED 灯（红）开启的操作。由于主程序一直处于运行状态，两盏 LED 灯将会持续根据传感器所感受到的状态值进行智能报警。

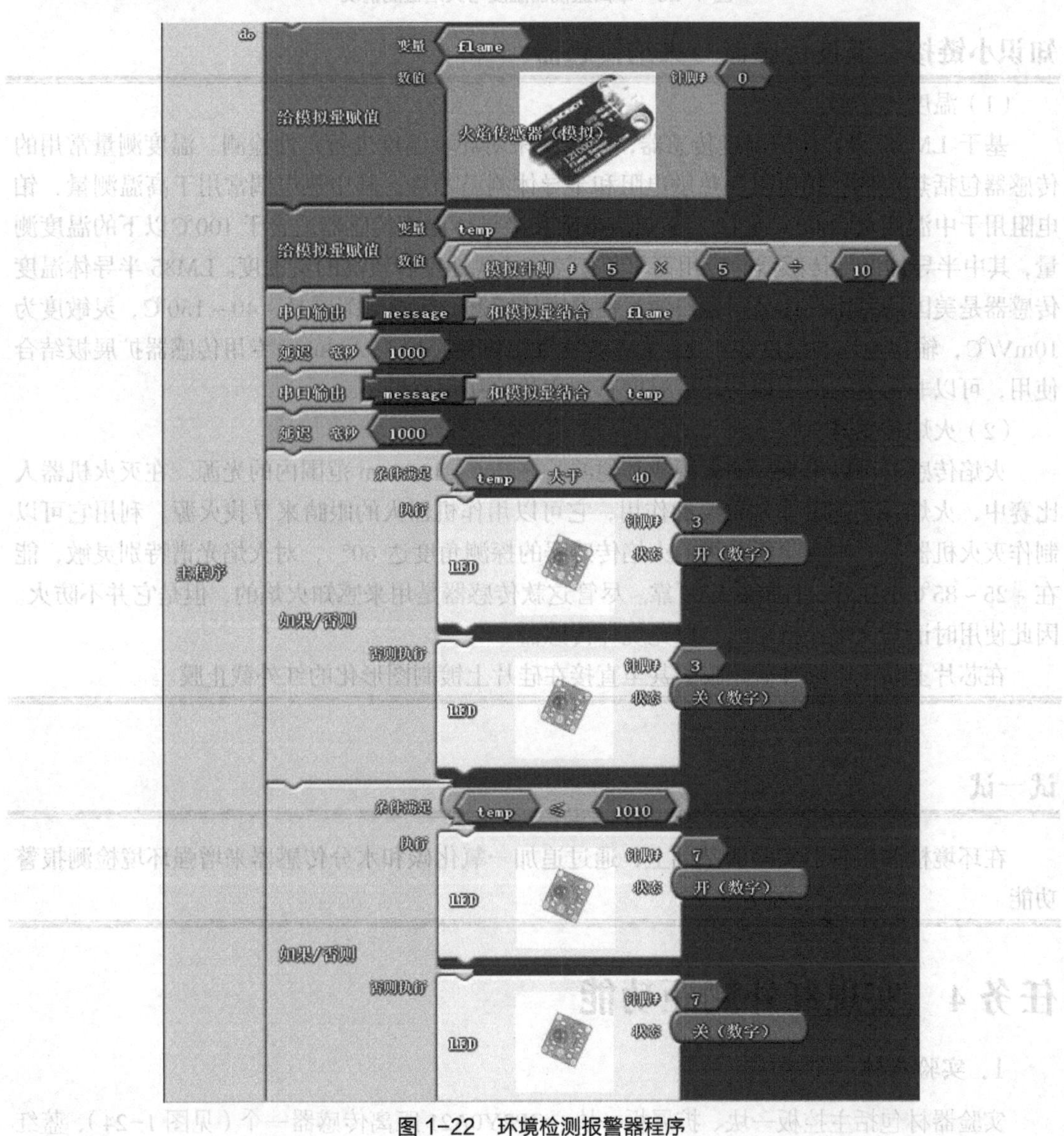

图 1-22 环境检测报警器程序

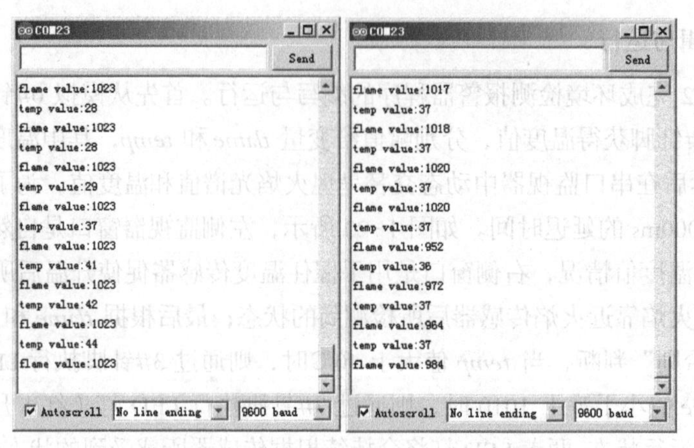

图 1-23 串口监视器温度与火焰检测情况

知识小链接：温度传感器与火焰传感器

（1）温度传感器

基于 LM35 半导体的温度传感器，可以用来对环境温度进行定性检测。温度测量常用的传感器包括热电偶、铂电阻、热敏电阻和半导体测温芯片，其中热电偶常用于高温测量，铂电阻用于中温测量（800℃左右），而热敏电阻和半导体温度传感器适合于 100℃以下的温度测量，其中半导体温度传感器的应用简单，有较好的线性度和较高的灵敏度。LM35 半导体温度传感器是美国国家半导体公司生产的线性温度传感器。其测温范围是 - 40 ~ 150℃，灵敏度为 10mV/℃，输出电压与温度成正比。LM35 线性温度传感器与 Arduino 专用传感器扩展板结合使用，可以非常容易地实现与环境温度感知相关的互动效果。

（2）火焰传感器

火焰传感器可以用来探测火源或其他波长在 760 ~ 1100nm 范围内的光源。在灭火机器人比赛中，火焰探头起着非常重要的作用，它可以用作机器人的眼睛来寻找火源。利用它可以制作灭火机器人。本实验所采用的火焰传感器的探测角度达 60° ，对火焰光谱特别灵敏，能在 - 25 ~ 85℃下工作，性能稳定可靠。尽管这款传感器是用来感知火焰的，但是它并不防火。因此使用时请与火焰保持距离，以免烧坏传感器。

在芯片上贴一个红外截止膜，甚至直接在硅片上镀制图形化的红外截止膜。

试一试

在环境检测报警器实验的基础上，通过追加一氧化碳和水分传感器来增强环境检测报警功能。

任务 4　实现红外测距功能

1．实验器材

实验器材包括主控板一块、扩展板一块、GP2Y0A21 距离传感器一个（见图 1-24）、蓝红黑模拟连接线一条、PC 一台。

图 1-24　GP2Y0A21 距离传感器

2．功能说明

通过距离传感器测量相对距离，可以用于机器人的测距、避障以及高级的路径规划，是机器视觉及其应用领域的选择。

3．物理连接

用蓝红黑模拟连接线将 GP2Y0A21 距离传感器与扩展板模拟 0#针脚相连接。针脚与针槽按颜色对齐插入，并记住所使用的针脚号。连接效果如图 1-25 所示。

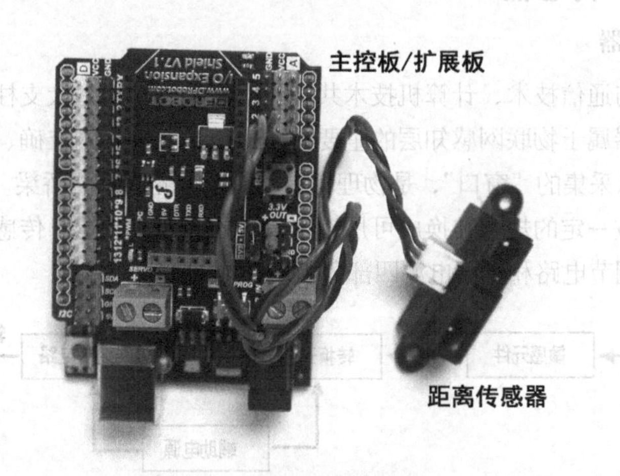

图 1-25　红外测距器物理连接

4．程序编辑与运行

对照图 1-26 完成红外测距器程序的编写与运行。首先从模拟 0#针脚中获得相对距离值，赋值给变量 *dis*，距离值的换算公式为 67870÷(*dis*−3)−40；然后在串口监视器中动态呈现距离值，单位为 mm。为了防止数字变化过快，可以加上 1000ms 的延迟时间，如图 1-27 所示。

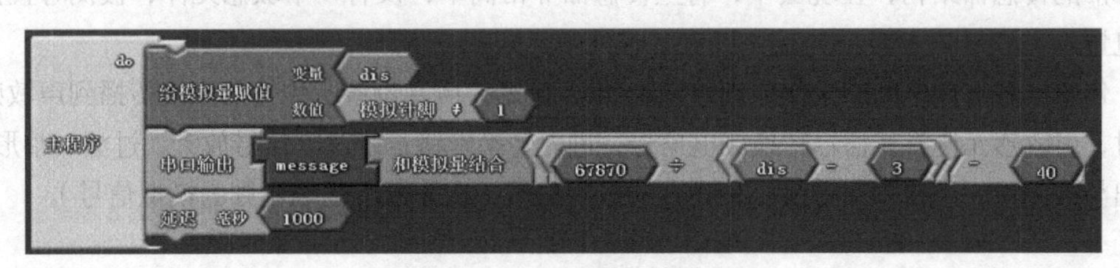

图 1-26　红外测距器程序

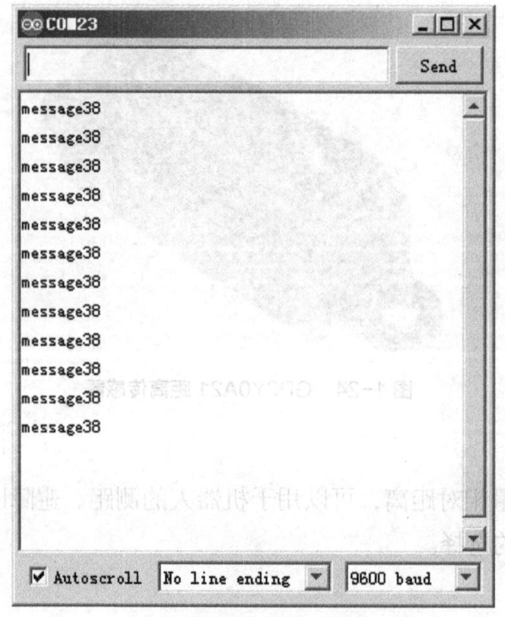

图 1-27　串口监视器测距情况

知识扩展：传感器

1．认识传感器

传感器技术与通信技术、计算机技术共同构成信息技术的三大支柱，是海量信息获取的重要手段。传感器属于物联网感知层的重要器件，是实现物联网准确、有效获取现实世界信息的基础，是信息采集的“窗口”，是物理世界和虚拟世界联系的桥梁。传感器可定义为：能感受被测量，并按一定的规律转换成可用输出信号的器件或装置。传感器一般由敏感元件、转换元件、信号调节电路和辅助电源四部分组成，如图 1-28 所示。

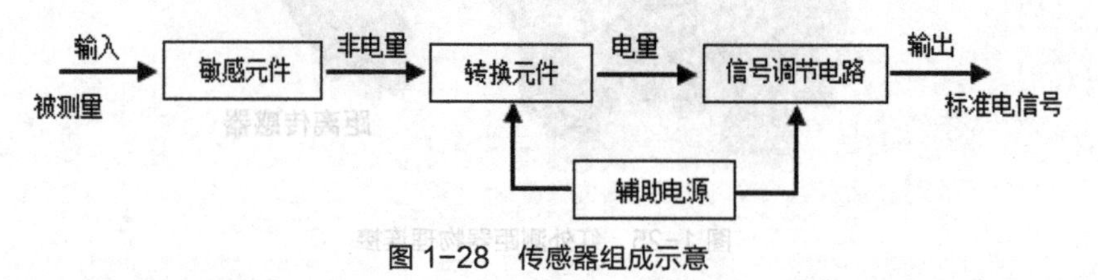

图 1-28　传感器组成示意

敏感元件在特定环境中感知现实世界中的各种物理量，如压力、温度、湿度、光强和声音等。转换元件将敏感元件所获得的物理量或化学量转换为电信号。信号调节电路将转换元件所转换的电信号进行变换和处理，输出适合本系统传输和检测的标准电信号。图 1-28 是一个标准的传感器结构，在现实中，有些传感器非常简单，仅有一个敏感元件，被测时直接输出电量。

传感器各部件之间的工作原理可以参照图 1-29。声音设备所传输的声波传播到声敏感元件时，声敏感元件将其信号转换成电信号，进入转换电路；经过电信号放大、过滤、整形后，输出与被测量的声波频率与强度相吻合的数字信号（在非数字化场合则为模拟信号）。

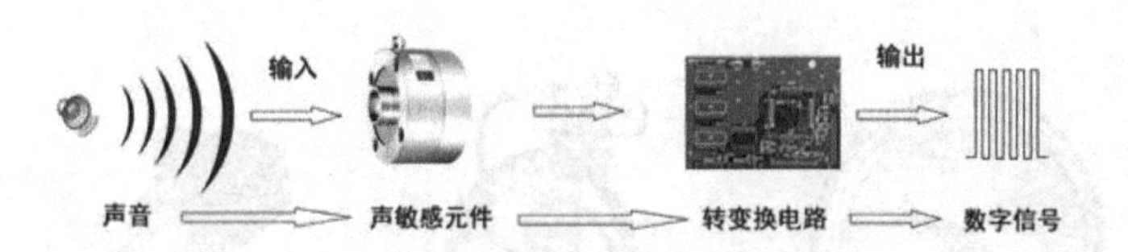

图 1-29　声传感器工作原理

2．传感器类别

（1）温度传感器

温度传感器是使用最早、应用最广泛的一类传感器，在各类传感器中所占的市场份额最大。其中电子体温计就是日常生活中最常见的一种温度传感器，如图 1-30 所示。

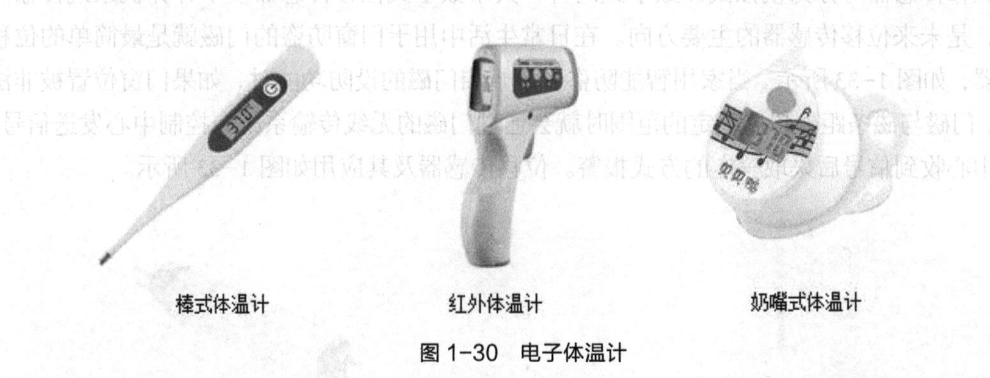

图 1-30　电子体温计

（2）湿度传感器

湿度与温度是反映环境状况的重要参数，它与人们生活、生产的各个领域密切相关。湿度和温度之间存在很强的关联性，在不同的温度下湿度值会发生很大变化。如果湿度测量环境不恒温，测量结果就会有较大误差，这种误差我们称之为“温度漂移”。在许多场合下，温度传感器与湿度传感器集成在一起，称之为温湿度传感器。湿度传感器种类繁多，可根据不同的应用场合选择不同种类的传感器，如图 1-31 所示。

图 1-31　湿度传感器

（3）压力传感器

压力传感器在工业生产领域应用十分广泛，尤其是化工、能源企业，在许多工厂里常常会看到大量的压力表和各类压力传感器。在人们日常生活方面，压力传感器也常常用于医学保健，如人体血压传感仪器。压力表和压力传感器的具体产品如图 1-32 所示。

压力表

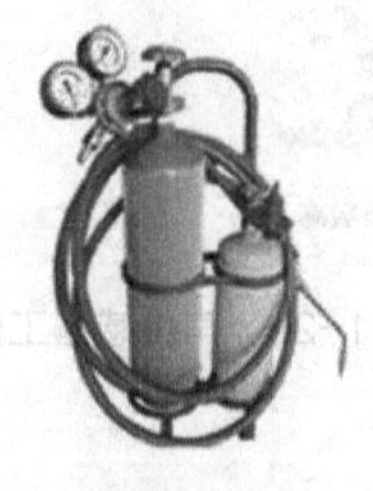

容器压力表

压力传感器

图 1-32　压力表

（4）位移传感器

位移传感器可分为模拟式和数字式两种，其中数字式位移传感器便于计算机系统传输与处理，是未来位移传感器的主要方向。在日常生活中用于门窗防盗的门磁就是最简单的位移传感器，如图 1-33 所示。当家用智能防盗系统开启门磁的设防功能时，如果门窗位置被非法移动，门磁与磁条距离超过限定的范围时就会通过门磁的无线传输系统向控制中心发送信号，控制中心收到信号后采取一定的方式报警。位移传感器及其应用如图 1-33 所示。

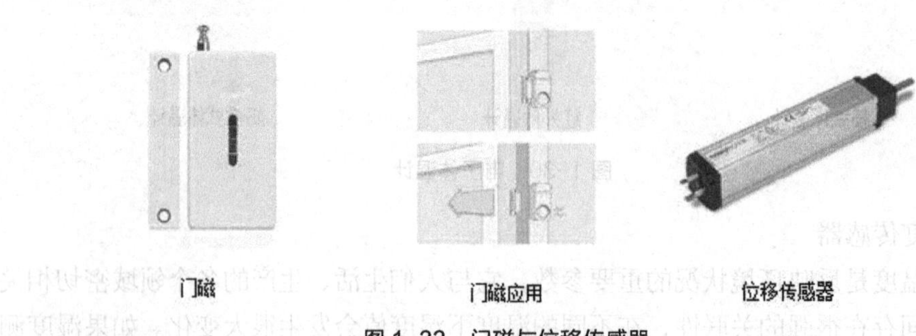

门磁　　门磁应用　　位移传感器

图 1-33　门磁与位移传感器

（5）流量传感器

流量传感器根据测量对象不同，可分为气体流量传感器和液体流量传感器。在生活中，每家每户都有的水计量表就是最常见的液体流量传感器。这种水表也将趋于智能化，实现了远程抄表，不需要人工现场记录。在“节能减排”的时代背景下，现有的普通水表和 IC 卡智能水表已经不能满足需求，随之而取代的是智能远传水表，因此智能水计量产业已步入远程自动抄表时代。在城市里，许多家庭都使用管道燃气，管道上也会安装计量表，这种计量表属于气体流量传感器。流量传感器的应用如图 1-34 所示。

传统水表

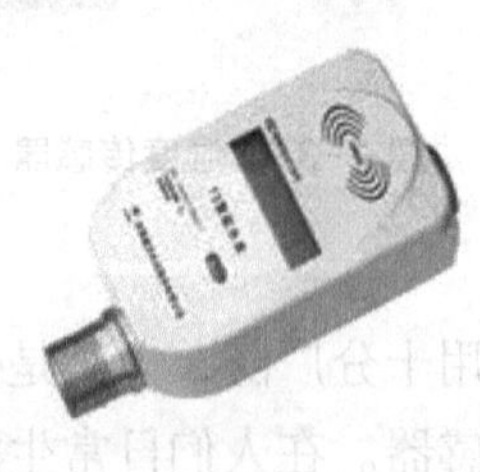

智能水表

家用智能燃气表

图 1-34　流量传感器应用

（6）液位传感器

液位传感器广泛应用于石油化工、冶金、电力、制药、供排水和环保等领域。按照工作特性它可以分为两类：一类为接触式，包括单法兰/双法兰差压液位变送器、浮球式液位变送器、投入式液位变送器、电动浮筒液位变送器、电容式液位变送器、磁致伸缩液位变送器和伺服液位变送器等；第二类为非接触式，分为超声波液位变送器、雷达液位变送器等。具体产品如图 1–35 所示。

图 1–35　液位传感器应用

（7）力传感器

生活中最常见的力传感器是电子秤，它属于称重传感器。力传感器应用于各种电子衡器、工业控制、物流控制、安全过载报警和材料试验机等领域。具体产品有电子汽车衡、电子台秤、电子叉车、动态轴重秤、电子吊钩秤、电子轨道衡和罐装秤等，如图 1–36 所示。

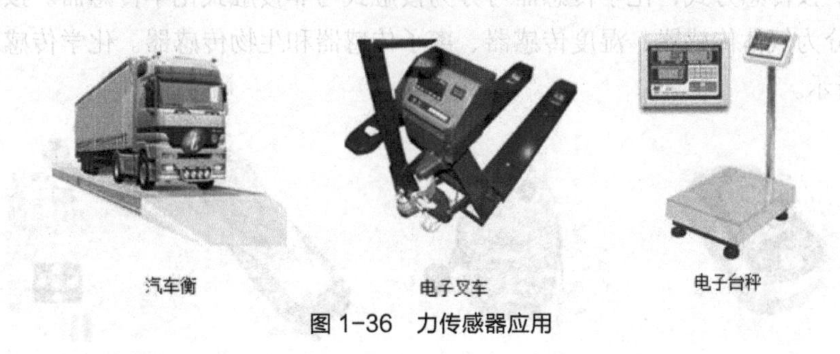

图 1–36　力传感器应用

（8）速度传感器

速度就是单位时间内的位移量，包括线速度和角速度，与其对应的线速度传感器和角速度传感器合称为速度传感器。随着科技的发展，非接触测速传感器将会逐步取代接触测速传感器，如激光测速和雷达测速，如图 1–37 所示。

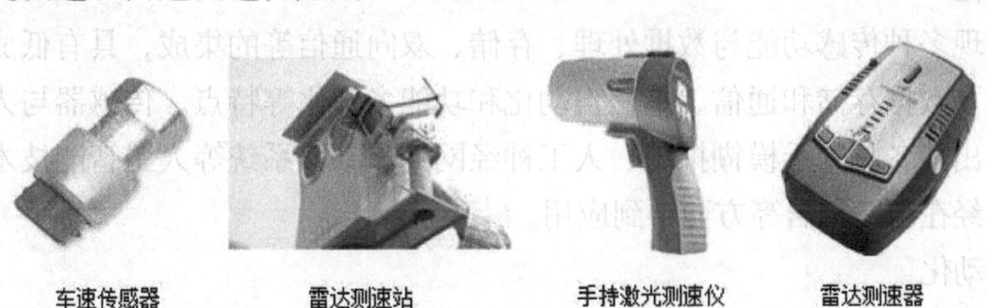

图 1–37　速度传感器应用

（9）声音传感器

人们渴望着有朝一日也能像童话故事中描述的一样，说声“芝麻开门”便能打开自家、社区、学校或单位的大门，那个遥远的梦想已经走近我们的生活。

声音传感器能采集声音信息，并显示声音强度大小，也能研究声音的波形，如图 1-38 所示。

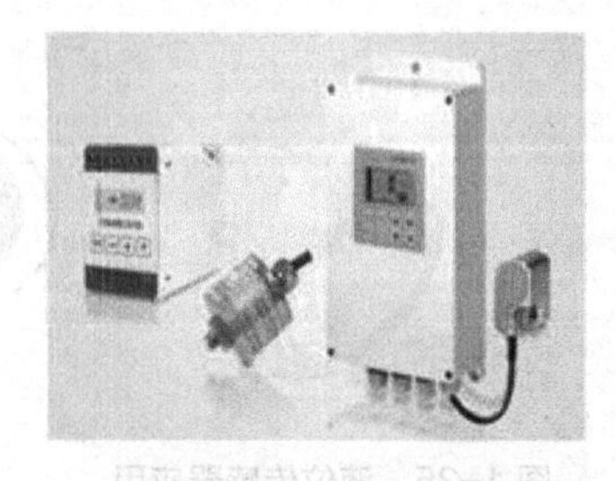

图 1-38　声音传感器

（10）化学传感器

化学传感器能对各种化学物质产生感应并将其浓度转换为电信号进行检测的装置，它必须具有对待测化学物质的形状或分子结构选择性获取的功能和将获取的化学量有效转换为电信号的功能。按传感方式，化学传感器可分为接触式与非接触式化学传感器。按检测对象，化学传感器分为气体传感器、湿度传感器、离子传感器和生物传感器。化学传感器具体应用如图 1-39 所示。

酒精含量检测仪

含化学传感器的机器人

室内空气检测器

可燃气体报警器

图 1-39　化学传感器应用

3. 传感器的发展和未来趋势

（1）智能化

传感器实现多种传感功能与数据处理、存储、双向通信等的集成，具有低成本和高精度的信息采集、可数据存储和通信、编程自动化和功能多样化等特点。传感器与人工智能不断结合，目前已出现各种基于模糊推理、人工神经网络、专家系统等人工智能技术的高度智能传感器，并已经在智能家居等方面得到应用。

（2）可移动化

无线传感网技术应用加快。无线传感网技术被美国麻省理工学院(MIT)的《技术评论》杂志评为对人类未来生活产生深远影响的十大新兴技术之首。一些发达国家及城市在智能家居、精准农业、林业监测、军事、智能建筑、智能交通等领域对无线传感技术进行了应用。例如，从 MIT 独立出来的 Voltree Power LLC（建造电力有限责任公司）受美国农业部的委托，在加利福尼亚州的山林等处设置温度传感器，构建了传感器网络，旨在检测森林火情，减少火灾损失。

（3）微型化

随着集成微电子机械加工技术的日趋成熟，MEMS（微机电系统）传感器将半导体加工工艺（如氧化、光刻、扩散、沉积和蚀刻等）引入传感器的生产制造，实现了规模化生产，并为传感器微型化发展提供了重要的技术支撑。目前，MEMS 传感器技术研发主要在这样几个方向：微型化的同时降低功耗、提高精度；实现 MEMS 传感器的集成化及智慧化；开发与光学、生物学等技术领域交叉融合的新型传感器，如 MOMES 传感器（与微光学结合）、生物化学传感器（与生物技术、电化学结合）及纳米传感器（与纳米技术结合）。

（4）集成化

目前，多功能一体化传感器受到广泛关注。传感器集成化包括两类：一种是同类型多个传感器的集成，另一种是多功能一体化。后者是当前传感器集成化发展的主要方向。

（5）多样化

新材料技术的突破加快了多种新型传感器的涌现。新型敏感材料是传感器的技术基础，材料技术研发是提升性能、降低成本和技术升级的重要手段。除了传统的半导体材料、光导纤维等以外，有机敏感材料、陶瓷材料、超导、纳米和生物材料等也成为研发热点，生物传感器、光纤传感器、气敏传感器和数字传感器等新型传感器加快涌现。如光纤传感器是利用光纤本身的敏感功能或利用光纤传输光波的传感器，有灵敏度高、抗电磁干扰能力强、耐腐蚀、绝缘性好、体积小、耗电少等特点，目前已应用的光纤传感器可测量的物理量达 70 多种，发展前景广阔。

扩展阅读

1. 无线传感器知识（百度百科–文章） http://baike.baidu.com/view/3516053.htm	
2. 传感器未来发展趋势（中国电子网–文章） http://www.21ic.com/news/control/201108/92199.htm	
3. 解析传感器在物联网时代的发展趋势（IT168 数码频道–文章） http://digital.it168.com/a2014/1105/1679/000001679511.shtml	
4. 传感器创新应用（优酷–视频） http://v.youku.com/v_show/id_XNTMwODE0NDMy.html	
5. 物联网唤醒未来，传感器改变生活（优酷–视频） http://v.youku.com/v_show/id_XODAzOTMyNjIw.html	

项目小结

通过项目实施，了解 Arduino 的使用方法，能够利用 Arduino 套件中的传感器部件和 ArduBlock 积木式程序编辑工具制作出楼道人体感应灯、光控路灯、环境检测报警器、红外测距仪等简易装置。通过应用效果的不断检测，体验到各款传感器的功能和性能，加深对传感器外观、应用领域的认知，体会到传感器在整个自动控制系统中的作用，理解其简单的工作机理。在动手实践的基础上，通过资料的阅读和网络搜索，对传感器工作原理、分类和未来发展趋势有了一个全面的认识。

PART 2

项目二 体验条形码识别技术

项目目标

通过尝试对生活中常见条形码（也作条码）的识读，了解一维码和二维码的用途；利用条码生成软件生成各种码制的一维码和二维码，并使用相关设备识读一维码和二维码；能够使用二维码设计软件设计出个性化二维码。

项目实施

条码技术是当前较为成熟的实用技术，具有操作简单、信息采集速度快、采集信息量大、可靠性高、成本低等优点。请同学们认真观察和寻找生活中存在的各类条码，学习设计和制作一维码，并能为自己设计一些个性化的二维码来交流信息。

任务 1　体验一维条码技术

1．认识一维条码

2015 年 4 月，住在温州的张小明到世纪联华超市拿了 2 瓶 4L 农夫山泉矿泉水，走到收银台结账，收银员拿起扫描器扫描条码，即显示商品的信息和价格，小明就按照显示直接付钱，整个购买过程显得非常简单，如图 1-40 所示。

图 1-40　农夫山泉水商品标签

图 1-40　农夫山泉水商品标签（续）

这些饮用水产自浙江省杭州建德市，从产地到消费者手中经过了诸多环节，条形码在其生产、运输和售卖中都起着很重要的作用，如表 1-1 所示。

表 1-1　条码在生产、运输和售卖中的功能

时间	环节	地点	条码功能
2015 年 1 月	生产	建德市	生产管理
2015 年 2 月	分销商	建德市→温州	运输和仓储
2015 年 3 月	经销商	温州世纪联华超市	上架管理
2015 年 4 月	客户	温州世纪联华超市	售卖

通过条形码消费者可以放心购买可追溯的商品、节省结账时间，企业可以节约流通、储存及人工成本等。总之，条形码改变了人们的消费方式和生活方式。

接下来一起来尝试条形码的识读操作：拿出智能手机，下载一个可以扫码的 App（手机应用程序），如“快查查”程序，可以尝试扫描生活中各类商品的一维码，并通过条形码了解该商品的相关信息。请分别查找下列相关商品的条码并记录下来：洗发水、图书、饮料、生鲜食品、药品、家用电器、手机、飞机票、快递单、银行业务单等，并填写表 1-2。

表 1-2　各商品条码信息

商品种类	商品名称	条码信息（填数字代码）
洗发水		
图书		
饮料		
生鲜食品		
药品		
家用电器		
手机		
飞机票		
快递单		
银行业务单		

2．生成一维码

物品的一维码可以通过特定的制作软件自动生成，生成后可以保存或打印。

步骤 1：使用条形码制作软件制作条形码。

条形码制作软件 FreeBarcode 是一款完全免费的软件，FreeBarcode 2.1.0.409 版本支持 35 种大类条形码的制作。FreeBarcode 是完全基于矢量图形的，不存在光栅图形输出的误差。

FreeBarcode 软件是绿色版，可以直接运行使用。

具体操作为选择“条码类型”为“EAM/JAN－13”，然后输入条码数据“6921168509270”，其他参数可以选择默认，也可以根据实际需要情况进行设置，如图 1-41 所示；完成后也可根据具体情况可选择“输出条码位图”“输出条码矢量图”或“输出矢量到剪贴板”等按钮；再利用 Word、WPS、CorelDraw 等软件进行排版，当然也可以直接单击“打印条码”按钮，直接打印输出。

图 1-41 条形码制作软件

步骤 2：使用条形码打印机打印条形码。

条形码打印机是专门用来打印条形码标签的设备，按工作方式可分为热敏式或热传式两种。现以芯烨 XP-58IIIA 为例，它是直接行式热敏打印机，打印宽度为 48mm，支持网络打印和双面打印，如图 1-42 所示。

图 1-42 芯烨 XP-58IIIA 热敏打印机

图 1-42　芯烨 XP-58IIIA 热敏打印机（续）

操作时需要连接计算机并安装驱动程序，安装完成后就可以把排版设计好的条码打印输出。

3．识读一维码

条形码常用识读设备有激光扫描器、CCD 扫描器、光笔与卡槽、全向扫描平台和数据采集器等。现以使用新大陆 NLS-HR1030 红光一维扫描枪为例，如图 1-43 所示。该手持式扫描枪可识读常见国际标准一维条码，扫描速度高达 300 次/秒，并且识读距离超过 30cm。这种扫描枪可满足绝大多数条码扫描的需要，广泛应用于零售业、办公自动化等领域。

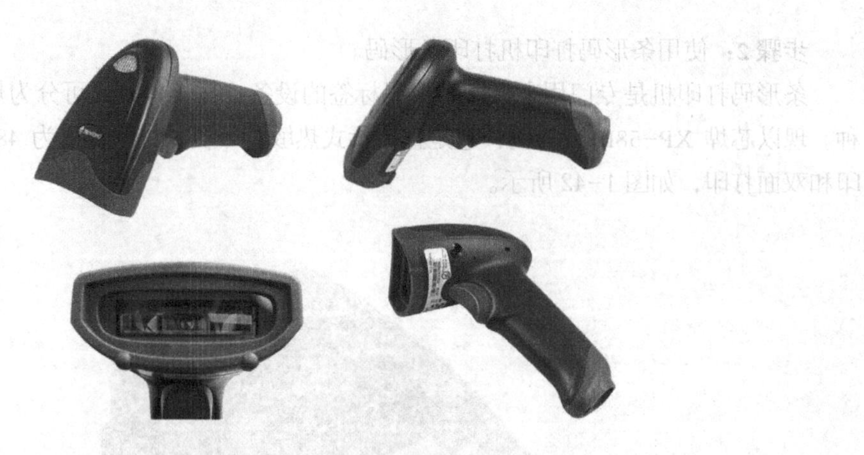

图 1-43　手持式扫描枪

操作过程如下。

① 确保条码扫描器、数据线、数据接收主机和电源等已正确连接后开机。

② 按住扫描器的触发键不放，照明灯被激活，出现红色照明线，将红色照明线对准条码中心，移动条码扫描器调整识读器与条码之间的距离，以便识读，如图 1-44 所示。

③ 听到成功提示音响起，同时红色照明线熄灭，则读码成功，条码扫描器将解码后的数据传输至主机。

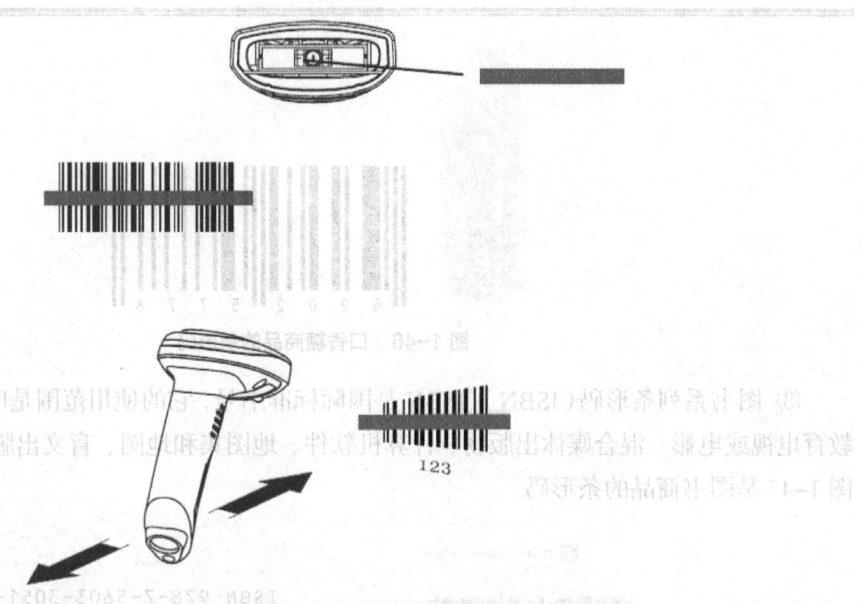

图 1-44　手持式扫描枪的正确扫描方式

知识小链接：认识常用一维码类型

条形码是由一组规则排列的条、空及其对应字符组成用以表示一定的信息的标记。它通常用于物品的标识，先给某一物品分配一个代码，然后以条形码的形式将这个代码表示出来，并且标识在物品上，以便识读设备通过扫描识读条形码符号对该物品进行识别。

一维码广泛应用于工业、商业、国防、交通运输、金融、医疗卫生、邮电及办公自动化等领域。一维条码信息容量很小，要描述更多的商品信息只能依赖后台数据库的支持，需要预先建立相关的数据库。

① 十三位条码（EAN–13）：主要用于标识零售商品，也可以标识非零售商品，超市或其他零售场所见到的零售商品的条码大都属于十三位条码。前置码 690~695 表示的是中国的编码组织。图 1–45 是洗发水商品的条形码。

图 1–45　洗发水商品的条形码

② 八位条码（EAN–8）：一般用来标识商品包装较小、印刷面积较小，难以用十三位条码标识的商品。它主要用于标识零售商品，也可以标识非零售商品。图 1–46 是口香糖商品的条形码。

图 1-46 口香糖商品的条形码

③ 图书系列条形码（ISBN）：ISBN 是国际标准书号，它的使用范围是印刷品、缩微制品、教育电视或电影、混合媒体出版物、计算机软件、地图集和地图、盲文出版物和电子出版物。图 1-47 是图书商品的条形码。

图 1-47 图书商品的条形码

④ 箱码（ITF-14）：用于表示非零售的商品。由于该条码对印刷精度要求不高，因此比较适合直接印刷在表面不够光滑、受力后尺寸易变形的包装材料上。图 1-48 是箱码的条形码。

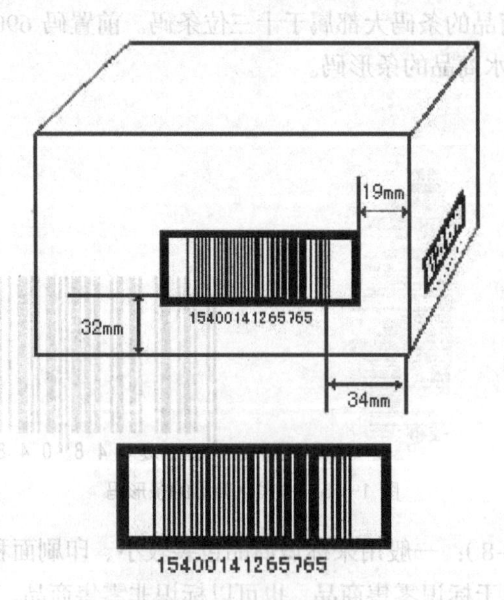

图 1-48 箱码的条形码

⑤ UCC/EAN-128 条码：不用于 POS 零售结算，而用于标识非零售贸易单元和物流单元等。这种条码可表示变长的数据，条码的长度依字符的数量、类型和放大系数的不同而变化，并且能将若干信息编码在一个条码中。图 1-49 是物流单元的条码。

图 1-49　物流单元的条码

⑥ GS1 DataBar 条码：具有“尺寸小、信息量大”的优势，能够解决诸如生鲜食品、珠宝等商品因体积小而难以标识的问题，同时可以承载产品重量、有效期、批号等附加信息。图 1-50 是超市水果上面的堆叠码。

图 1-50　超市水果上面的 GS1 DataBar 堆叠码

合格的条码设计主要从印刷尺寸、颜色搭配、印刷位置三方面考虑，要执行相关国家标准。为了确保条码的印刷质量，厂商应要求印刷企业出具《商品条码印刷资格证书》，并审阅证书的有效期，核对发证机关、企业名称、印刷方式等，确认后，复印备查，同时应把条码质量要求写入双方的合同中。

任务 2　识读与生成二维码

1. 识读二维码

一般手机都有扫描二维码的功能，通过扫描可以获取二维码所包含的相关信息和操作。现尝试扫描图 1-51 所示的二维码信息，并填入表 1-3。

图 1-51　二维码识读

表 1-3　二维码信息表

编号	内容
a	
b	
c	
d	
e	
f	
g	
h	

二维码在我国的发展非常迅速，在日常生活的火车票、优惠券、电子交易支付、防伪溯源方面等已经广泛使用，二维码将成为融合移动互联网、电子商务、云计算等领域的下一个金矿产业。

二维码有许多常用模式，请在生活中寻找二维码。

① 网上购物，一扫即得。如国内大城市地铁通道都有 1 号店的二维码商品墙，如图 1-52 所示，消费者可以在等地铁的时候，扫描看中的商品，然后通过手机支付，直接下单。请使用手机尝试扫码。

图 1-52　1 号店购物扫码图示

② 消费打折，有码为证。扫描二维码可享受消费打折优惠，如图 1-53 所示。请使用手机尝试扫码。

图 1-53　消费打折

③ 二维码付款，简单便捷。支付宝公司推出二维码支付和收款业务，如图 1-54 所示，可使用手机尝试扫码。

图 1-54　二维码付款图示

④ 资讯阅读，实现延伸。读者扫描报纸杂志上的二维码，如图 1-55 所示，可以阅读新闻的更多信息，如采访录音、视频录像、图片动漫等，实现跨媒体阅读。请寻找身边的杂志二维码，并尝试扫码体验。

图 1-55　杂志二维码扫码

⑤ 食品二维码溯源。将食品的生产和物流信息加载在二维码里，可实现对食品追踪溯源，消费者只需用手机一扫，就能查询食品从生产到销售的所有流程，如图 1-56 所示。

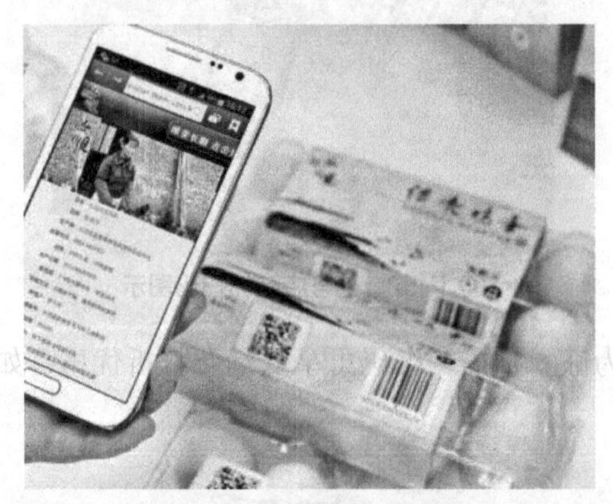

图 1-56　食品溯源二维码图示

⑥ 二维码电子票务，实现验票、调控一体化。火车票上加入二维码，大家已经知道。现在已经延伸到景点门票、展会门票、演出门票、飞机票、电影票等，如图 1-57 所示，请使用手机尝试扫码。

图 1-57　二维码电子票务

⑦ 二维码管理交通参与者，能够强化监控。二维码在交通管理中可应用在管理车辆本身的信息、行车证、驾驶证、年审保险、电子眼等，如图 1-58 所示。

图 1-58　二维码管理交通图示

⑧ 个人信息二维码，沟通更方便快捷。在名片上加印二维码，客户拿到名片以后，用手机直接一扫描，便可将名片上的相关信息存入到手机中，如图 1-59 所示。请使用手机尝试扫码。

图 1-59 名片上的二维码

⑨ 会议签到二维码，简单高效低成本。主办方向参会人员发送二维码电子邀请票、邀请函，来宾签到时，只需一扫描验证通过即可完成会议签到，如图 1-60 所示。

图 1-60 二维码会议签到

⑩ 二维码进入医院，挂号、导诊、就医一条龙。采用二维码，患者可以通过手机终端预约挂号，凭二维码在预约时间前往医院直接取号，减少了排队挂号、候诊时间，如图 1-61 所示。

图 1-61 二维码挂号就诊

试一试

请扫描图中的二维码，并将扫描到的信息填写到框中。

2．获取二维码

在平时生活中常常会看到存储个人联系信息的二维码，朋友之间相互添加好友或添加关注的时候可以通过扫描二维码来完成。

（1）获取个人 QQ 号二维码

由于手机所使用的操作系统不同，其操作方式也不一样，现以苹果手机为例，具体如图 1-62 所示。

步骤 1： 打开手机 QQ 软件，点击左上角的个人头像，如图 1-62（a）所示。

步骤 2： 点击资料中的个人头像，如图 1-62（b）所示。

步骤 3： 点击二维码，如图 1-62（c）所示。

步骤 4： 点击二维码后弹出 4 个选项，选择“保存到手机”可以将当前二维码保存在手机相册中，选择“换个样式”可以换为其他样式，如图 1-62（d）所示。

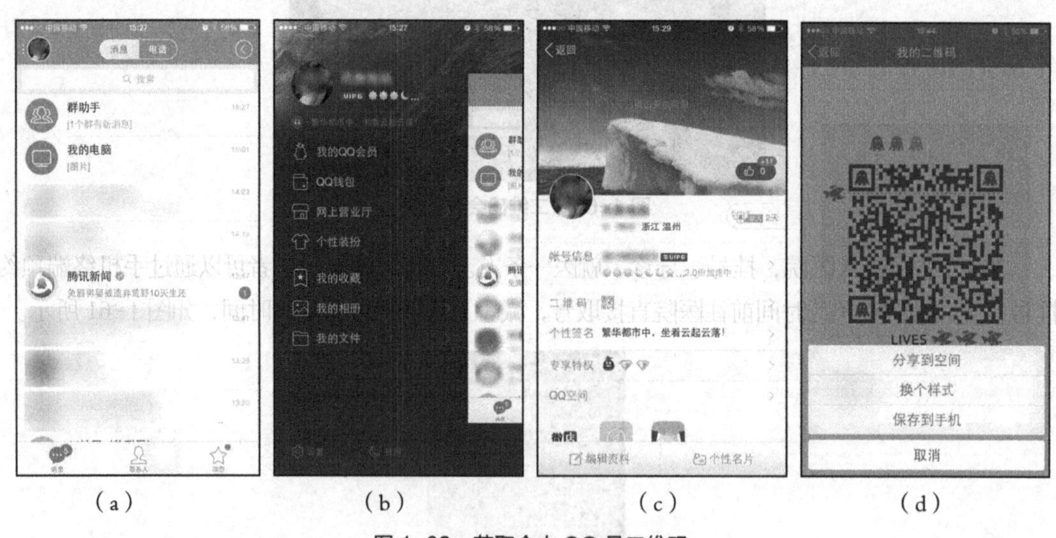

（a）　　（b）　　（c）　　（d）

图 1-62　获取个人 QQ 号二维码

（2）获取 QQ 群二维码

步骤 1： 登录 QQ 群在线网站 http://qun.qq.com/join.html，如图 1-63 所示。

步骤 2： 点击右上角的登录，输入正确的账号和密码完成登录。

步骤 3： 登录后往下滑动→请选择你管理的群→获取你需要的二维码→下载，如图 1-64 所示。

图 1-63　QQ 群在线网站

图 1-64　获取 QQ 群的二维码

（3）获取个人微信号二维码

由于手机所使用的操作系统不同，其操作方式也不一样，现以苹果手机为例，具体如图 1-65 所示。

步骤 1：打开微信，点击右下角的“我”，如图 1-65（a）所示。

步骤 2：点击微信号，进入个人信息界面。

步骤 3：点击“我的二维码”，如图 1-65（b）所示，出现二维码，如图 1-65（c）所示。

步骤 4：点击右上角的“...”，弹出 4 个选项，选择“保存”能够将当前二维码保存在手机相册中，单击“换个样式”可以换为其他样式，如图 1-65（d）所示。

（a）（b）（c）（d）

图 1-65 获取个人微信号二维码

（4）获取公众号微信号二维码

在获取公众号之前，需要先注册一个公众号，请同学们自行申请，申请成功之后，就可以获取公众号微信号二维码了。

步骤 1：登录微信公众账号 https://mp.weixin.qq.com/，如图 1-66 所示。

图 1-66 登录微信公众账号

步骤 2：登录后在公众平台的左侧，单击“设置”中的“公众号设置”，如图 1-67 所示。

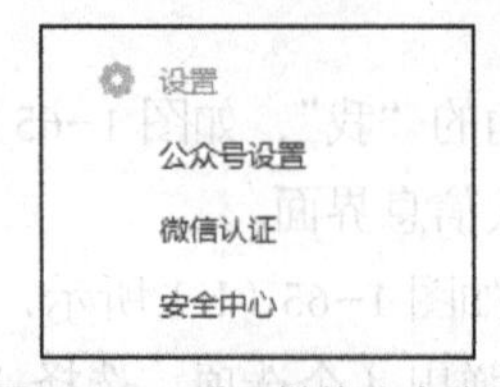

图 1-67 登录微信公众账号

步骤 3：进入公众号设置页面，如图 1-68 所示，在二维码图片上单击右键，保存图片就可以把二维码图片保存到计算机中，供编辑使用了。

图 1-68 获取微信公众账号

3. 制作生成二维码

二维码一扫就可以得到许多的相关信息，我们来制作一个温州的城市名片，如图 1-69 所示。图中二维码扫描后的结果是："温州历史悠久位于浙江省东南部，有两千余年的建城历史。"该二维码如何制作呢？

图 1-69 温州的城市名片

图 1-69 温州的城市名片（续）

步骤1：安装相关二维码制作软件，如爱二维码(V1.0.0.1)。

步骤2：运行该软件后，切换到“二维码”选项卡，在内容文本框中输入“温州历史悠久位于浙江省东南部，有两千余年的建城历史。”根据需要设置相关参数后，单击“生成”，就会在左下角的预览区生成二维码，当然制作者也可以直接保存该二维码，如图 1-70（a）所示。制作者也可以添加图标，显示到二维码的中间，如图 1-70（b）所示。

（a）

图 1-70 温州的城市名片二维码

（b）

图 1–70 温州的城市名片二维码（续）

步骤 3：进入 Word 软件，编辑排版“温州名片”，并将新生成的二维码插入到名片中。

知识小链接：认识常用二维码的类型

二维码能够在横向和纵向两个方位同时表示信息，因此能很小的面积内表达大量的信息。读取技术是最重要的环节，二维码进行加密处理后，需要专业技术才能读取，故其安全性较高。

常用的二维码有：PDF417 二维码、Data Matrix 二维码、QR Code、Aztec 码、Code49、Code 16K、Code one、汉信码等。

① PDF417 二维码：美国 SYMBOL 公司发明的，是一种堆叠式二维条码，最大的优势在于其庞大的数据容量和极强的纠错能力。PDF417 条码需要有 417 解码功能的条码阅读器才能识别，如图 1–71 所示。

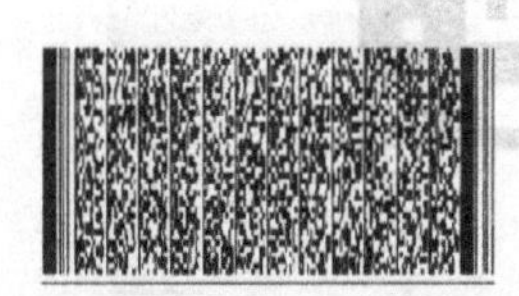

图 1–71 PDF417 二维码

② Data Matrix 二维码：1989 年由美国国际资料公司发明，用于商品的防伪、统筹标识，是一种矩阵式二维条码，特别适用于小零件的标识，以及直接印刷在实体上，如图 1–72 所示。

图 1–72 Data Matrix 二维码

③ QR Code：由日本 Denso Wave 公司发明，属于开放式的标准。QR Code 读取速度快，能存储丰富的信息，包括对文字、URL 地址和其他类型的数据加密。由于该发明企业放弃其专利权而供任何人或机构任意使用，故现已成为目前全球使用面最广的一种二维码，如图 1–73 所示。

图 1–73　QR Code

任务 3　设计制作个性二维码

1. 设计个性二维码

步骤 1：登录爱二维码网站 http://www.iqrcode.cn/，如图 1–74 所示。

图 1–74　爱二维码网站

步骤 2：可以单击中间列的 8 个按钮，在“文本”“名片”“网址”“短信”“Wi–Fi”“电话”“邮箱”“地图”共计 8 项二维码编辑中切换。

步骤 3：单击第三个按钮“网址”，在右侧文本框中输入 URL 网址回车，并修改左下角的相关参数，就可以创建个性化的二维码，如图 1–75 所示。

图 1–75　制作个性化的温州城市二维码

步骤 4：可以下载一些个性化模板，做出一些更加与众不同的二维码，如图 1–76 所示。

图 1–76　制作个性化的温州城市二维码

2. 二维码加密

步骤 1：登录爱二维码网站，http://www.iqrcode.cn/，选择“实验室”→“二维码加密”选项，如图 1-77 所示。

步骤 2：进入到“二维码加密”页面，输入“温州历史悠久位于浙江省东南部，有两千余年的建城历史。”，输入密码“2015”，单击“保存图片”按钮，就可以保存加密后的二维码，如图 1-78 所示。

图 1-77　爱二维码网站选择加密选项

图 1-78　加密信息生成二维码

步骤 3：如果需要解密的话，选择页面左下方的“解码”选项卡，单击“点击添加图片”按钮，选择需要解码的二维码图片，输入密码，就可以在文本框中显示解码后的内容，如图 1-79 所示。

图 1-79　加密后的二维码解码页面

知识拓展：条码识别技术

1．国际物品编码协会（GS1）

商品条码在国际上的管理机构是国际物品编码协会（GS1）。GS1 系统被广泛应用于商业、工业、产品质量跟踪溯源、物流、出版、医疗卫生、金融保险和服务业，在国际经济贸易的快速发展中发挥着重要的作用。

获得 GS1 前缀码列表，可登录中国物品编码中心的网站（www.ancc.org.cn）首页“国家及地区前缀码”板块查询世界各国前缀码，或拨打中国物品编码中心全国统一服务电话（400-7000-690）咨询。

2．中国物品编码中心（ANCC）

商品条码在中国的管理机构是中国物品编码中心（ANCC），它是统一组织、协调、管理我国商品条码、物品编码与自动识别技术的专门机构，隶属于国家质量监督检验检疫总局，并代表我国加入国际物品编码协会（GS1），负责推广并维护以商品条码为基础的 GS1 全球统一标识系统。

中国物品编码中心在全国各地设有 46 个分支机构，企业若想申请商品条码，只需带上合法的营业执照到本地区的编码中心分支机构申请注册即可。企业申请注册的厂商识别代码有效期为 2 年。为了规范全国商品条码的应用，国家质量监督检验检疫总局颁布了《商品条码管理办法》。

3．二维码与一维码的区别

一维码重在“标识”，二维条码重在“描述”，也就是说，二维码的信息承载量较一维码更大。二维码与一维码的比较如表 1-4 所示。

表 1-4 二维码与一维码的比较

条码类型	信息密度与信息容量	错误校验及纠错能力	垂直方向是否携带信息	用途	对数据库和通信网络的依赖	识读设备
一维码	信息密度低、信息容量较小	可通过校验字符进行错误校验，没有纠错能力	不携带信息	对物品的标识	多数应用场合依赖数据库及通信网络	可用线扫描器识读，如光笔、线阵 CCD、激光枪等
二维码	信息密度高，信息容量大	具有错误校验和纠错能力，可根据需求设置不同的纠错级别	携带信息	对物品的描述	可不依赖数据库及通信网络而单独应用	对于行排式二维条码可用线扫描器的多次扫描识读；对于矩阵式二维条码仅能用图像扫描器识读

4．二维码基本特征

① 高密度编码，信息容量大，比普通条码信息容量约高几十倍。

② 编码范围广，可以把图片、声音、文字、签字、指纹等可以数字化的信息进行编码表示，还可以表示多种语言和图像数据等。

③ 容错能力强，具有纠错功能，即使因穿孔、污损等引起局部损坏，也可以得到正确地识读；译码可靠性高，比普通条码译码错误率百万分之二要低，误码率不超过千万分之一。

④ 可引入加密措施，故保密性、防伪性好。

⑤ 成本低、易制作、持久耐用。

⑥ 条码符号的形状、尺寸大小比例可变。

⑦ 二维条码可以使用激光或 CCD 阅读器识读。

5．二维码暗藏隐患要预防

二维码在我们日常生活中越来越常见，它的方便快捷给我们的生活带来很大的便利，通过扫描二维码添加微信好友、下载应用、优惠券、浏览网页、看新闻、视频等，所谓“一扫知天下”。但同时也为手机病毒和恶意软件制造者打开了方便之门，有些二维码暗藏病毒、扣费、窃取通讯录和银行卡号信息等陷阱，成为了手机病毒传播的新途径。因此，扫码前应先扫毒，请大家牢记以下 3 种方法。

① 用专业扫码工具。快拍二维码、360 安全卫士等软件，都已经加入了监测功能，扫到有可疑网址时，会做出安全提醒。

② 通常来说，报纸、杂志、知名品牌海报上提供的二维码是安全的，但在网站上发布的二维码需要引起警惕。

③ 假如是通过二维码来安装软件，在安装好后，先用杀毒软件扫描一遍再打开。

扩展阅读

1. 二维码的 20 种商业应用模式（站长之家-文章）
http://www.chinaz.com/start/2013/1010/321353.shtml

2. 华丽变身后的二维码（牛社-文章）
http://www.niushe.com/news/show-19333.html

3. 二维码应用场景（酷 6-视频）
http://baidu.ku6.com/watch/08888777281524329068.html?page=videoMultiNeed

项目小结

通过该项目实施，认识了常见的一维码和二维码，能够利用工具生成各类条码，制作出个性化的二维码，并能使用读写设备正确读取条码信息。通过对条码生成、识别的反复尝试，体验到条码在不同应用场合的作用，加深对一维码、二维码工作原理的认识。通过资料的阅读和网络搜索，能够正确理解一维码和二维码的种类，以及它们之间的区别。

PART 3

项目三 体验 RFID 技术

项目目标

借助 RFID 标签制作和展示实验箱，在手工制作 RFID 标签的过程中认识 RFID 电子标签的结构与特性，通过不同种类、不同款式电子标签的展示，能够学会在实际应用中对电子标签选型。通过制作 RFID 智能门禁，了解 RFID 读写设备和电子标签的工作过程，体验 RFID 技术的作用。

项目实施

任务 1　手工制作 RFID 标签

RFID 系统主要包括 RFID 电子标签和 RFID 读写设备，其中 RFID 电子标签是物品或人员的身份标识，可以存储相关的信息。实际上，RFID 电子标签在设计并测试完成后，都是通过流水线上批量生产的。本实践活动是为学生提供了一个手工蚀刻制作 RFID 电子标签的平台（这里以无源标签为主），再配合进一步的微调及测试，让学生在亲自的动手过程中，不断尝试、提炼并总结，甚至进行大胆的创新设计。

1．实验器材

在手工制作 RFID 标签之前，先准备好相关的工具、材料和设备。实验要用到的器具大部分都在标签制作箱之内，该实验箱如图 1-80 所示。

图 1-80　标签制作实验箱

具体物品包括：打印用的计算机、喷墨或激光打印机（精度优于 600DPI）、喷墨或激光打印胶片、天线菲林样片、单面正性感光板、亚克力板或钢化玻璃板（2 片）、紫外曝光灯箱、夹子（4 个）、计时器（1 个）、红外测温仪（1 个）、电子秤（1 个）、量杯（1 个，200ml）、药剂 A（显影剂）、药剂 B（蚀刻剂）、塑料浅盘（3 个，显影、蚀刻、清洗时使用）、防酸碱手套、毛刷（软毛刷 1 个，显影、蚀刻时使用）、芯片集成模块、物联网 RFID 基础实验箱 RW-01 1 台（选配）。

主要工具与配件如图 1-81 所示。

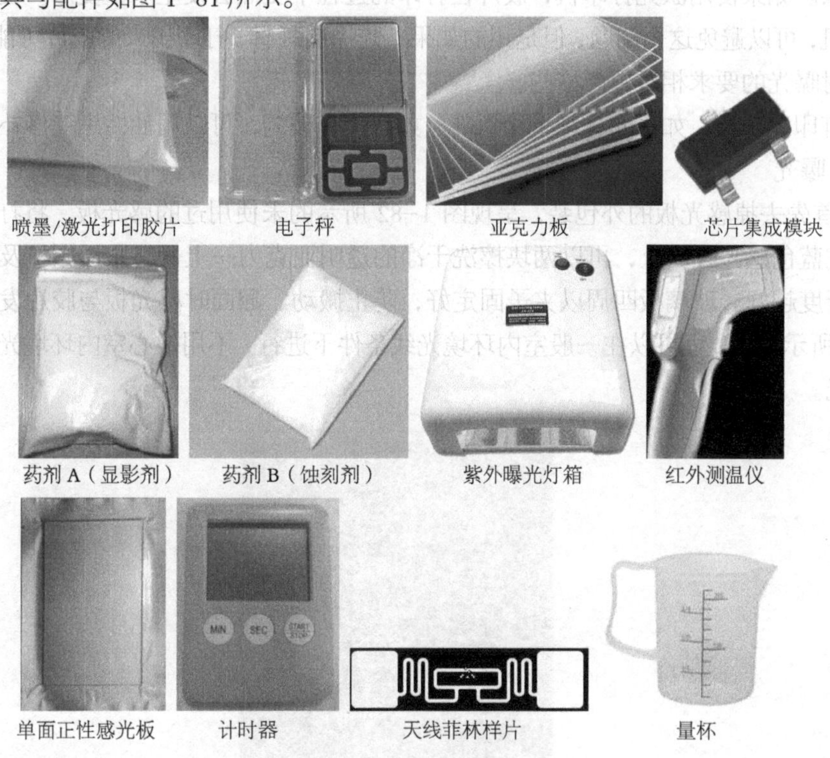

图 1-81 手工制作标签所涉及的工具与配件

2. 实验过程

（1）原稿制作

把设计好的标签天线版图，用激光（喷墨）打印机以透明的菲林或半透明的硫酸纸打印出来。

- 设计天线版图时，注意留出合适的放置天线的位置。
- 设计天线版图是应严格注意天线的尺寸和打印出来的尺寸是否一致。如打印出来的尺寸与设计不符的话，就无法达到预期的实验效果。
- 感光板是正性的，即曝光时见光部分分解。显影后，见光部分会露出覆铜本底，未见光部分被固化感光膜保护。所以最终要保留下来的天线部分（覆铜本底）在菲林纸上应该是黑色不透明的，其他需要蚀刻掉的部分是透明的。
- 打印用的胶片请使用菲林纸或者半透明硫酸纸。
- 喷墨打印用菲林纸的两面用途不同，一面较厚的为打印面，一面较薄的为保护层（打印面在喷墨打印机时使用；保护膜可以用于激光打印机，但将打印面用于激光打印机会因纸融化损坏激光打印机)。由于两面都是透明的，比较难以辨别。简单辨别正反的方法是：向菲林纸的两面都哈气，出现雾层的那面为保护面，没有明显变化的那面为打印面（打印面涂敷有吸墨层，能够有效吸收水汽，保护面不能吸收水汽于是哈气会出现雾层)。

- 激光打印用菲林纸哈气时两面均会出现雾层，在使用激光打印天线版图时使用。
- 设置打印机时，应将纸张类型设置为投影片，否则打印时会出现卡纸故障，请务必注意。如果使用激光打印机，胶片在打印的过程中受热会发生小量变形。使用喷墨打印机，可以避免这个问题，但是用的如果不是原装耗材，打印出来的胶片可能不够“黑”，对曝光的要求相对更严格些。
- 打印完毕后，如果菲林纸上涂黑部分如有透光破洞，可以用油性黑笔修补。

（2）曝光

① 首先去掉感光板的外包装，呈现图 1-82 所示的未使用过的感光板，将打印好的菲林胶片贴在蓝色感光膜面上，再以两块擦洗干净的透明亚克力一上一下紧压原稿及感光板，越紧密解析度越好。玻璃板四周以夹子固定好，防止搬动、翻面时感光板与胶片发生位移，如图 1-83 所示。此过程可以在一般室内环境光线条件下进行，不用担心室内环境光线会造成感光板曝光。

图 1-82　未使用过的感光板

图 1-83　用亚克力固定好的感光板

② 将固定好的感光板在紫外灯下进行曝光。放入曝光箱内曝光时间约 6min。当打印的黑度不够（即黑色部分也可微弱透光)，曝光时间可适当缩短；当缩短感光板与灯管的间距时，曝光时间也可缩短。曝光起作用的是紫外光，白炽灯、日光灯、灭蚊灯等不含紫外光，均不

能作为曝光光源使用，室内日光因玻璃可以过滤大部分紫外线，基本不会发生曝光。室外日光中含有紫外线，会发生曝光作用，因此保存过程中应避开太阳光直射。合适的曝光时间，与底片打印质量和感光板存放时间有关，上述时间为参考值，建议实际制作时先用小块边角多次试曝光，以确定最佳的曝光时间。

曝光完成之后，将感光板从两层胶片中取出，即可进行显影。

（3）显影

① 每块感光板用药剂 A 3~4g，水 200ml 配成溶液（药剂 A：水=1：50），放入感光板前使用红外测温仪测试并记录溶液水温，当水温为 39±2℃时放入感光板，从而控制显影过程的水温在 33~37℃范围内。

② 显像。

将曝光后的感光板（膜面朝上）置于显影溶液中，轻摇容器，可以看到被光照射部分升起淡蓝色的“烟雾”并迅速溶解，最终露出光亮的覆铜本底（如天线以外部分有感光膜未溶解，可用软毛刷轻刷加速处理过程），而胶片上被黑色遮挡的部分，显影对它没有影响，显影后完整地保留下来了，同时显影液变色如图 1-84 所示。

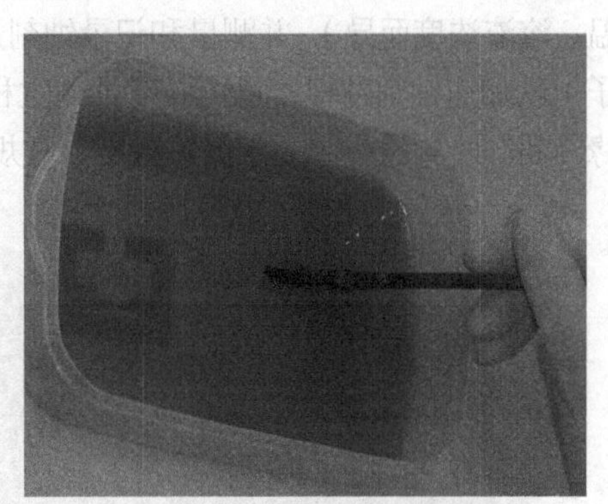

图 1-84 显影操作

③ 水洗。

④ 干燥及检查。

为了确保膜面无任何损伤，最好能做到此步骤。擦干感光板，如有意外污点，可用小刀刮净（这种情况多是由于胶片打印质量不佳或底稿脏污、玻璃面未处理干净引起的）。显影完成后的板子，如图 1-85 所示。

图 1-85 显影后的板子

注意事项

- 显影一定要彻底，一定要露出光亮的铜膜，待蚀刻部分表面不能残留薄膜，否则后续蚀刻过程可能受阻。
- A 溶液越浓，显像速度越快，但过快会造成显像过度(覆膜全面地模糊缩小)。过稀则显像很慢，易造成显像不足(最终造成蚀刻不完全)。
- 使用过的溶液 A 请不要倒回。用过的溶液 A 在 24 小时后将逐渐自行分解，不会造成环境污染。防止金属物划伤膜面。

（4）蚀刻

由药剂 B 调制成的蚀刻液为弱酸，具有一定腐蚀性，使用中需注意不要沾到皮肤和衣服上。如不慎入眼，请立即用大量清水冲洗并迅速就医。

① 每块感光板用药剂 B 40g，水 120ml 配成溶液（药剂 B：水=1：3），水初始温度控制在 80℃以上，使用开水更佳。

② 将显影后的感光板放入溶液，光亮铜层 1~2s 即变为浅粉红色，如图 1–86 所示。如没有变色，说明上一步显影不彻底，需要取出板子，清洗后再次显影。蚀刻时间为 8~12min（因水温、溶液浓度而异），并测量和记录蚀刻开始和结束时的水温。蚀刻过程中轻摇容器（盖上盖子）以加速蚀刻过程，也可以在蚀刻过程中用软毛刷轻刷铜面，可加快蚀刻速度并使线条边缘锋利。时刻过程中注意保护膜层，常规擦拭不会破坏膜层的完整性。

图 1–86　感光板放入溶液

③ 随着蚀刻的逐步进行，板子浅粉红色铜层逐渐消失，最终露出 PCB 基板，除图案部分外所有裸露铜层消失时，蚀刻完成。

④ 蚀刻完成后，将板从溶液 B 板子中取出，使用清水将板两面冲洗干净。

⑤ 干燥。

注意事项

- 小心勿伤及膜面。
- 显像不足补救方法：从蚀刻液中拿起感光板，此时天线部分的铜箔应变为粉红色，如有些地方应变而未变则表示该处显像不足。用清水洗净后再放入显像液中再显像，然后再检视(显影时间应适当减少)。

（5）焊接芯片模块

到上一步为止，标签天线的制作即完成，本步将标签的芯片集成模块焊接到已经成型的天线引脚上。

① 取一个芯片模块，本实验中用的集成模块是将芯片制成可焊接封装，通过引出针脚来实现芯片与外部天线的连接，本实验使用芯片型号为 Higgs-3（SOT 封装），共 3 个引脚，单独位于一侧的引脚为固定用，可不焊接；另外两个引脚则焊接在天线的两个焊点上。

② 使用电烙铁和焊锡将芯片集成模块焊接到天线上。推荐先在天线焊点焊锡，然后使用镊子夹住芯片对准焊点，用电烙铁融化焊锡即可完成焊接。至此，一个完整的标签即制作完成。

（6）测试标签的性能

部署读写器及天线，调整频率、功率等参数，测试该标签性能，记录标签的最大读取距离、频率特性等性能指标，根据测试结果评估该标签的性能是否满足设计要求。可采用 RFID 读写器基础实验箱 RW-01 作为验证测试设备。

知识小链接：认识 RFID 技术

FRID 是 Radio Frequency Identification 的缩写，即射频识别，俗称电子标签。RFID 是一种非接触式、双向通信的自动识别技术，只由一个阅读器和目标电子标签两个基本器件组成，它通过射频信号自动识别目标对象并获取相关数据，识别工作无需人工干预，可工作于各种恶劣环境。RFID 技术可识别高速运动物体并可同时识别多个标签，操作快捷方便。

RFID 与互联网、通信、定位等技术相结合，可实现全球范围内的物资跟踪与信息共享。RFID 已广泛应用于人员定位、食品溯源、图书管理、生产线管理、物流系统管理、远程抄表、门禁管理、固定资产管理、电子支付等众多领域。

RFID 技术是无线电广播技术和雷达技术的结合。雷达在第二次世界大战中的应用极大地促进了雷达理论的发展，也为 RFID 的产生奠定了基础。RFID 的诞生源于战争的需要。1942 年，因为被德国占领的法国海岸线离英国只有 25 英里，英国空军为了识别返航的飞机是我机还是敌机，就在盟军的飞机上装备了一个无线电收发器。当控制塔上的探询器向返航的飞机发射一个询问信号，飞机上的收发器接收到这个信号后，回传一个信号给探询器，探询器根据接收到的回传信号来识别敌我机。这是有记录的第一个 RFID 敌我识别系统，也是 RFID 的第一次实际应用。

任务 2　识读各类 RFID 标签

电子标签种类繁多，它们应用于不同的领域，发挥着各自不同的作用。现借助 RFID 标签展示实验箱来认识各类电子标签，实验箱如图 1-87 所示。

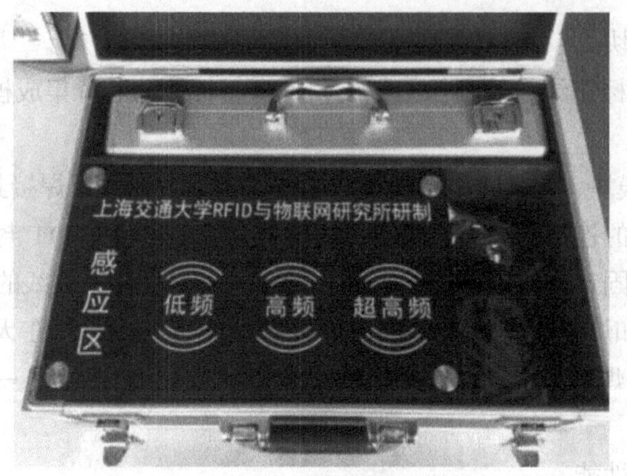

图 1-87　RFID 标签展示实验箱

1．安装系统

- 安装硬件驱动，点击 setup.exe 文件开始安装。
- 安装应用软件，点击 Tagshow_setup 开始安装(如系统未安装过 Microsoft.NET Framework 4.0 环境及 Windows Installer,则软件首先安装它们，自行选择所需安装的路径等信息，直至完成安装。
- 将 Configuration.xml 拷贝至安装目录覆盖原文件。
- 使用 USB 线正常连接计算机及展示箱，接通电源，并将电源开关拨至“ON”位置。

2．标签展示

软件启动后，呈现图 1-88 所示的界面，现以树钉标签为例，将该标签所放置在对应的超高频感应区（实际上该感应区就是超高频 RFID 读写器），如图 1-89 所示，程序将会播放感应区内的标签信息，内容为“RFID 树钉标签常用于古树、木材等的唯一化识别，在古树、木材上打上合适大小的螺孔，将树标签拧进螺孔则可对树木进行长久的管理和识别。此标签主要用于树木、木材、家具等资产管理领域”。

这一标签展示操作过程实际上就是 RFID 电子标签的读写过程。

图 1-88　RFID 标签展示系统主界面

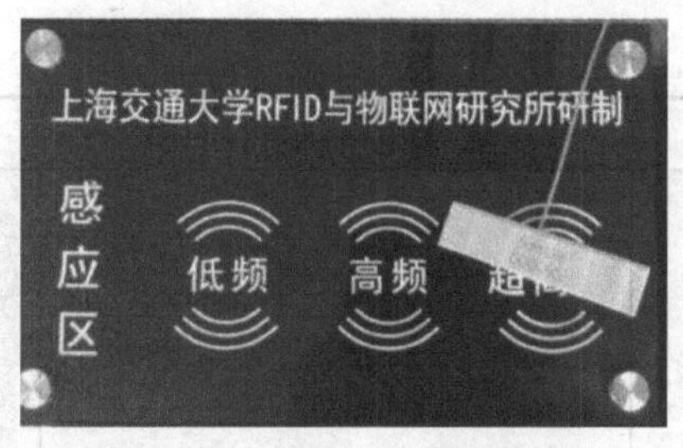

图 1-89 RFID 标签识读过程

点击下方五彩三角按钮可以播放相关知识的视频，如图 1-90 和图 1-91 所示。

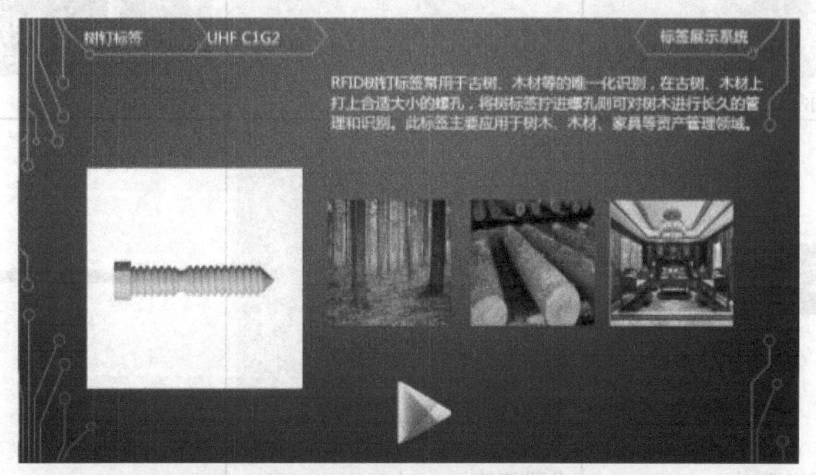

图 1-90 播放 RFID 标签信息

图 1-91 RFID 电子标签视频播放

试一试

选择超高频扎带、高频钥匙扣、低频花牌标三款 RFID 电子标签，分别放入展示箱的不同感应区，记录所呈现的信息并观看视频。

3．各种电子标签图示

超高频电子标签(UHF)		
金属柔性标签	树钉标签	花牌标签
ABS 抗金属标签	扎带标签	RFID Inlay
车辆标签	珠宝标签	硅胶标签
钢丝铅封标签	动物标签	人员标签

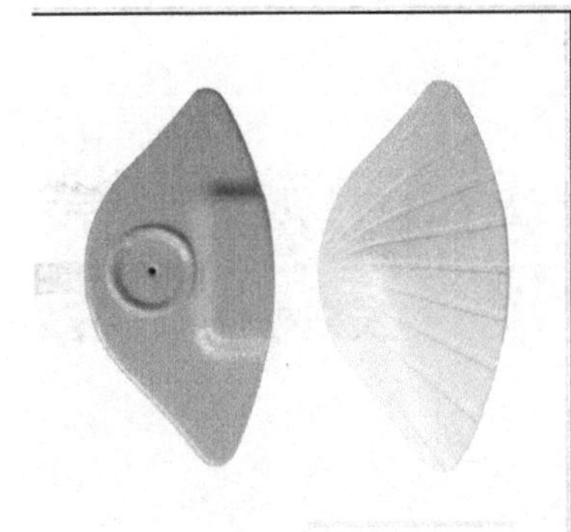
EAS 防盗标签

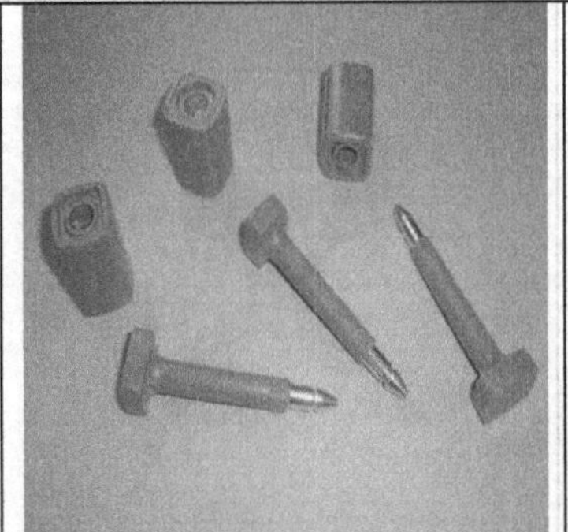
挂锁铅封标签

酒类防伪标签

吊牌标签

金属货架标签

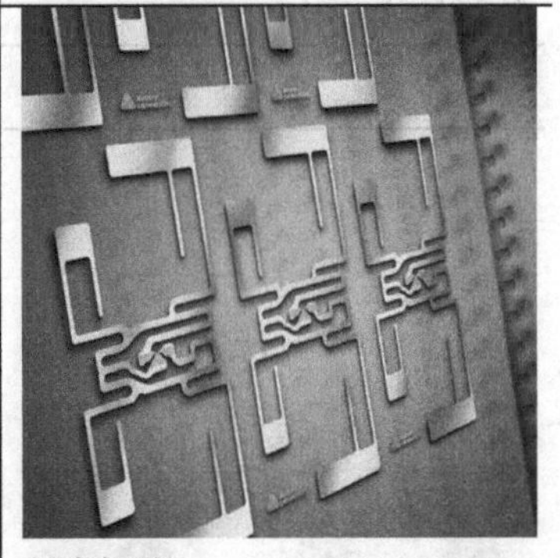
行李标签

高频电子标签(HF 14443A)

金属柔性标签

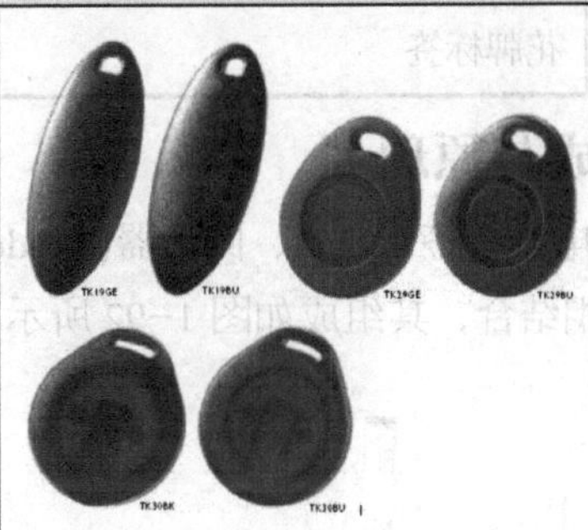
钥匙扣标签

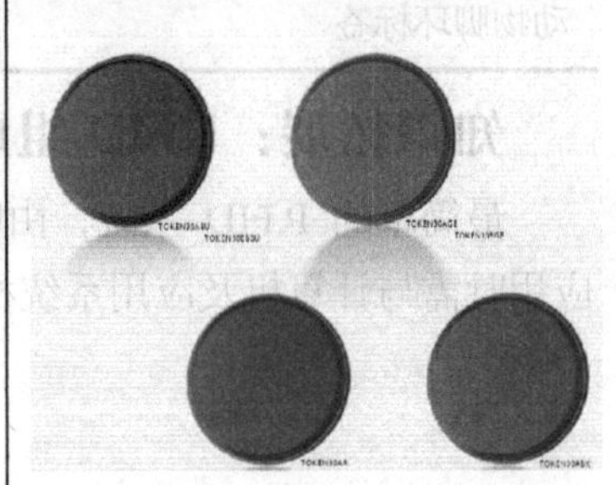
代用币标签

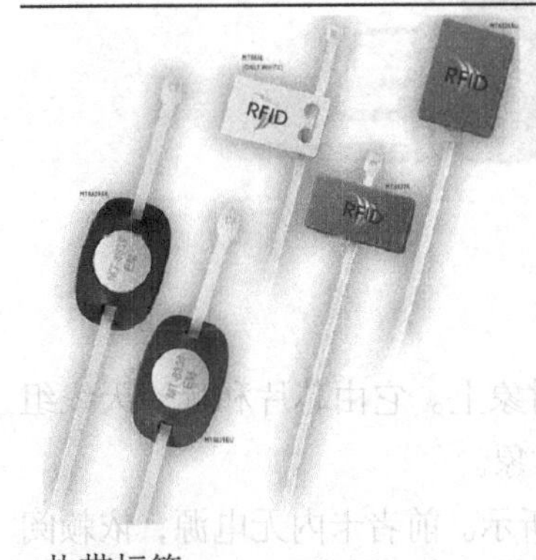

扎带标签

一次性腕带标签

电子铅封

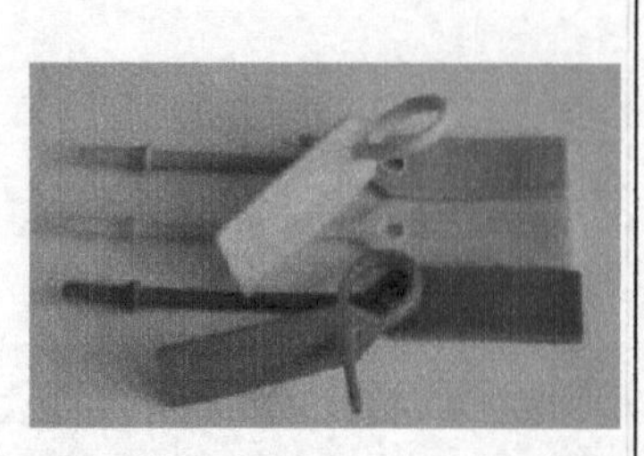 医疗标签	 腕带标签	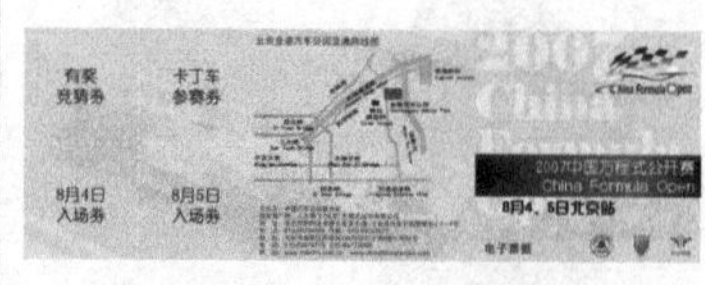 电子门票
低频标签(LF)		
 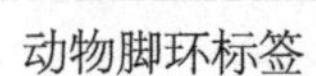动物脚环标签	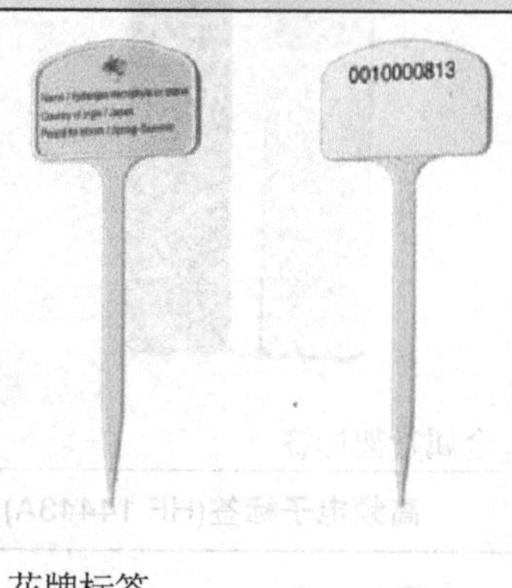 花牌标签	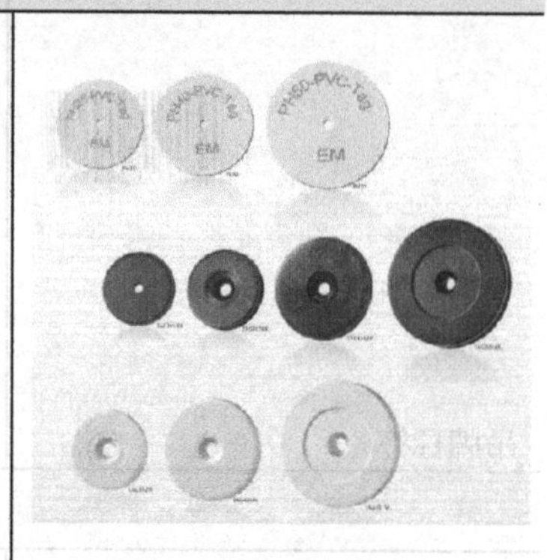 警示标签

知识拓展：RFID 组成与原理

最简单的 RFID 系统，由电子标签（Tag）、阅读器(Reader)及天线（Antenna)组成，实际应用时需与计算机及应用系统相结合，其组成如图 1-92 所示。

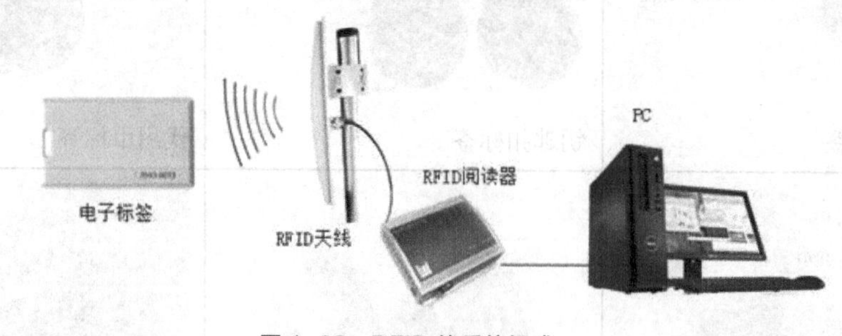

图 1-92　RFID 的系统组成

1．电子标签

电子标签，也称射频卡或应答器，安装在被识别的物体对象上。它由芯片和标签天线组成，每个标签具有唯一的电子编码 EPC，可以有效标识目标对象。

电子标签按供电方式可分为无源卡和有源卡，如图 1-93 所示。前者卡内无电源，依赖阅读器发射的能量供电，工作距离短、寿命长、对工作环境要求低；后者卡内有电源，工作距离远、寿命短、体积偏大、成本高、适应恶劣环境的能力差。

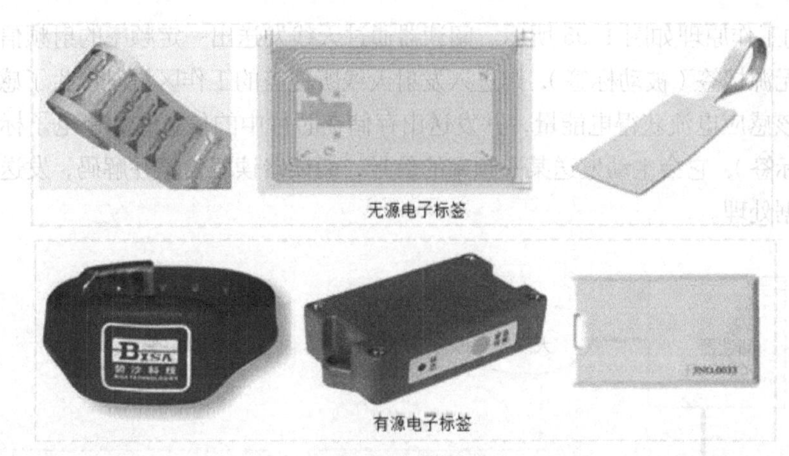

图 1-93 电子标签

电子标签按载波频率可分为① 低频卡（LF），常用于短距离、低成本应用，如门禁；② 高频卡（HF），用于需要传送大量数据的应用场合；③ 超高频卡（UHF），应用于需较长工作距离和高读写速度的场合，如火车监控、高速公路收费、供应链管理。

电子标签按调制方式可分为主动式和被动式。前者用自身射频能量主动发送数据给阅读器；后者必须依赖于阅读器的信号作为载体来调制自己的信号。

电子标签按芯片特点可分为① 只读卡，只读不能写，唯一且无法修改的标识，价格低；② 读写卡，可读写，可反复使用，价格较高；③ 芯片内部含有 CPU，具备数据存储和处理功能，可重复使用，价格高。

2. 阅读器

阅读器也称为读写器、读卡器，是读取或写入标签信息的设备，可设计为手持式和固定式。阅读器主要由收发模块、控制模块、接口电路和天线组成，如图 1-94 所示。

图 1-94 RFID 阅读器

3. 天线

在电子标签和阅读器之间传递射频信号。RFID 系统中的天线有两类：一类是电子标签上的天线，它与标签集成一体；另一类是阅读器天线，它既可以与阅读器一体，也可以通过线缆与阅读器相应的接口相连，即外置天线。

RFID 的工作原理如图 1-95 所示。阅读器通过天线发送出一定频率的射频信号，如果电子标签属于无源标签（被动标签），则进入发射天线所覆盖的工作区域时产生了感应电流，电子标签依靠该感应电流获得电能量，并发送出存储在芯片中的信息；如果电子标签属于有源标签（主动标签），它会主动发送某一频率的信号，阅读器读取信息并解码，发送至应用系统进行有关数据处理。

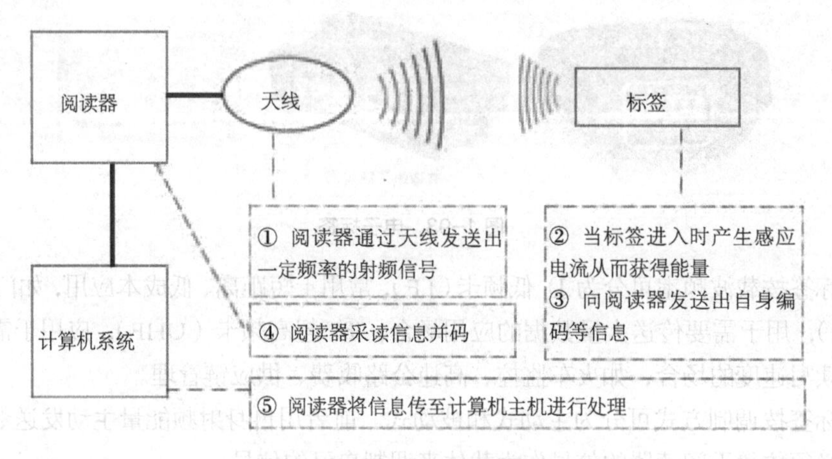

图 1-95 RFID 工作原理

扩展阅读

1. 无线射频识别技术的应用与发展（360doc-文章） http://www.360doc.com/content/12/0903/10/7130239_233882143.shtml	
2. RFID 射频识别技术在智能交通领域的应用 http://tech.rfidworld.com.cn/2013_08/a602a755f04b176c.html	
3. RFID 智能服装店（搜狐-视频） http://my.tv.sohu.com/us/63261406/31049635.shtml	

项目小结

通过 RFID 电子标签的制作，对电子标签的内部结构、特性和工作机制有了感性的认知，通过各类电子标签的展示和资料的阅读学会电子标签的选型，了解各类电子标签产品的应用领域。电子标签展示的过程就是其识读的过程，通过低频、高频、超高频标签的分类识读，充分认知它们的特性和操作方法。在实践的基础上，进一步理解 RFID 系统的组成和原理，即电子标签、读写器、天线的特性和协同工作。

综合评价

完成度评价表

任务	要求	权重	分值
体验传感器技术	能够通过运行简单的程序实现传感器的功能，理解传感器的作用，并列举传感器行业中的实际应用；能对各种传感器进行分类，认知不同形式的传感器产品	35	
体验条码识别技术	能够通过识读和制作一维、二维条码，理解条码识别技术的作用和具体应用	30	
体验 RFID 技术	能够认识不同种类的电子标签，认知各种标签的性能与作用；能够通过搭建简单的 RFID 应用，了解 RFID 技术的基本工作机制和应用场合	30	
总结与汇报	呈现项目实施效果，做项目总结汇报	5	

第二篇

感知物联网所引发的 IT 浪潮

情景描述

晓东是一名初中二年级的学生，不久前学校组织全年级学生参观科技馆，他看到了很多有意思的东西。

- 智能试衣镜不需要把真实衣服穿戴在自己身上，通过手势识别将衣服自由搭配的效果直观地显示在 50 英寸大屏幕上，实现智能穿衣、试衣和换衣功能。
- 有一个魔镜，能使鱼缸联网。在魔镜前晃动鱼食罐就能知道上次喂鱼是什么时间。讲解员说，随着物联网的发展，在不久的将来，射频芯片会内置在鱼食罐里，在更远的将来，数据可以直接显示在鱼食罐、浴缸上，或手机上。

当听到"物联网"时，晓东很是兴奋，原来他的表哥小项同学在温州市职业中专（温职专）学的就是物联网专业。怀着对未来世界的美好憧憬，他决定找表哥好好了解一下"物联网"。

本项目以读初中二年级的晓东对物联网产生了浓厚的兴趣，找到在温职专学习物联网专业的表哥了解"物联网"知识为背景，主要任务是帮助晓东同学认识物联网，分别从行业发展、专家和教师等不同角度认知物联网；和晓东一起走进我们的生活空间（如学校、小区和图书馆等），从衣、食、住和行等多方面感受物联网对日常生活的影响；展望物联网，设想未来的生活，展望物联网背景下的未来教育。

学习目标

能够通过讨论交流、互联网搜索信息等方式，了解物联网的概念与发展历程。

能够关注身边事物，感受物联网的各种技术在日常生活中的应用。

能够从整体上认识物联网，正确认识物联网三层体系结构，了解物联网的特征。

通过体验、感受和各种认知，能预测性地描述未来物联网的发展。

PART 1

项目一 认识物联网

项目目标

通过对物联网在各行业应用的分析、讨论，以及通过互联网搜索等方式了解物联网的发展历程，剖析物联网的概念，认识物联网三层体系结构，了解物联网的特征。

项目实施

晓东同学缠着表哥小项了解“物联网”的相关知识，他们通过观察街头的监控、参观医院的药品分拣系统、体验智能公交带来出行新感受，表哥给他介绍了这一切都是物联网技术发展带来的便利。他们还通过互联网关注了一些知名专家对物联网的解读，更形象地认识了物联网技术，最后小项的专业老师——董老师系统地介绍了物联网的体系结构、物联网的特征等一系列的知识。

任务 1　行业说物联网

星期六一大早，晓东就拉着表哥小项要学习物联网。他们出门来到大街上，大街上很热闹，人来人往，车水马龙。

场景 1：安防系统

小项指着电线杆上的监控探头（见图 2-1(a)）说：“你知道我们这个城市有多少这样的探头吗？有几十万个！这些摄像头的功能太强大了！他们不仅仅是对人群进行监控，甚至能够对监控人群中的某个人的行为进行分析，进而对危险行为报警。”如图 2-1(b)和(c)。晓东听着张大了嘴巴。

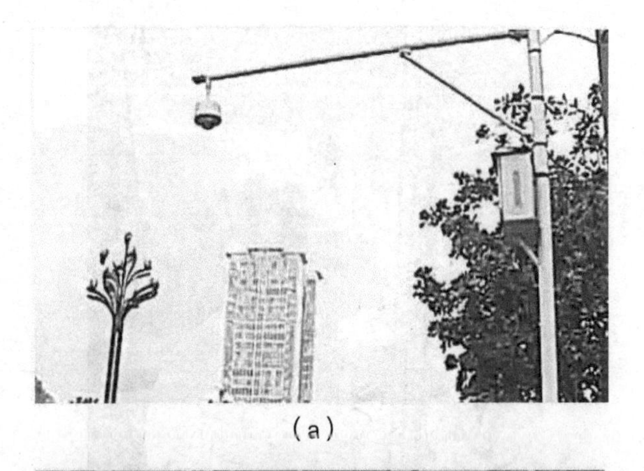

(a)

(b)

(c)

图 2-1 智能监控

场景 2：医院药房智能分拣

他们在医院，仔细观察到一位大爷看诊结束后来到药房，他看见自己的名字已经在药房的大屏幕上，药剂师坐在计算机前确认了大爷的名字和卡号，伸手从身边的传送带上把药拿给了大爷。小项指着药师身边的设备说：这是药品自动分拣器，有了这两条传送带，药师就不用跑来跑去配药、取药，其中的一个传送带像车厢一样直接通到药师手边。如图 2-2 所示。

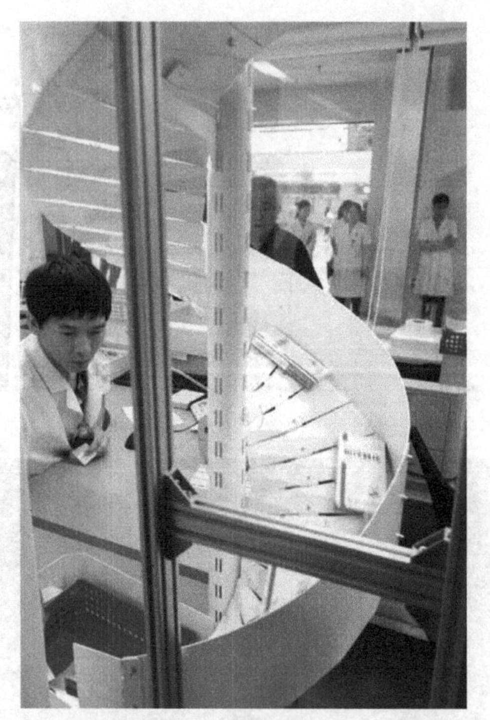

图 2-2　药房智能分拣

场景 3：智能公交系统

小项和晓东打算体验一下最近开通的智能公交 Z01 路公交车，出门前他发送了一条短信，查询一下自己要坐的车需要多久才能到达。收到回复的短信后，他知道了要搭乘的 Z01 路公交车还有几站才能到，从医院到车站需要走五六分钟，估计一下需要的时间，他们整理妥当后从容出门，来到公交站台，看了一下车站的电子站牌，要搭乘的车辆还有一站路就到了，稍作等待，便轻松搭乘上了 Z01 路公交车。如图 2-3 所示。

（a）　　　　　　　　　　　　　　　　　　（b）

图 2-3　智能公交

在公交车上，小项指着监控头对晓东说在公交监控大厅可以监控到每辆公交车上的情况，摄像头把车内的情况都录了下来了，还可以查询，如图 2-4 所示。

图 2-4 智能公交 3G 监控

可以看得出各行各业都试图将自己的产品（或相关的信息）和其他的物或人紧密地连接起来，自动地进行交流。目前我国的物联网的发展还属于初级阶段，我们身边的公交卡、门禁卡、身份证、条码、二维码都仅是物联网的一部分，很多行业所谓的物联网仅是进行 IT 化改造升级的一个概念包装，或者是一个个应用“孤岛”。

那么真正意义的“物联网”是什么呢？

- 物联网是通过射频设备、传感设备、卫星定位系统、激光扫描器等，按照约定的协议，将任意物进行互联。
- 物联网的基础仍是互联网。
- 物联网的上层应用应该有统一的、开放的接口标准。
- 物联网的上层应用独立于硬件系统。

物联网会突破行业的束缚，真正具备每个物之间的互联对话能力，比如智能电表能够跟电冰箱对话，进行节能控制；电视能跟电灯对话，根据节目进行亮度调节；电源能跟汽车对话，汽车没电自动充电。

在这样的对话基础上，物与物就形成了庞大的基础网络，最重要的是，能够为上层应用提供统一的标准接口，这样应用才能真正独立于硬件，才会成为跨行业、跨领域的我们不可想象的应用。

试一试

请通过互联网搜索你所在城市物联网行业发展的情况，并查询该城市是否为国家智慧城市试点。

任务 2 专家说物联网

从医院回到家，晓东和小项同学又打开了网络，他们想看看网络上的专家是怎么说的。在网上流传甚广的众多定义中，下面这个定义是专家们最认可的一个。

“(物联网是）物理对象与信息网络天衣无缝地结合为一体的世界。在物联网中，物理对象可以积极参与到业务流程中来。(人们）可通过互联网与这些‘智能对象’进行互动，询问和改变它们的状态或者任何与其有关的信息。”

当被问到：人人都认定物联网是或者即将是下一代颠覆性技术。在您的专业知识领域，您认为物联网最好的代表是什么？一些专家给出了以下答案。

约翰斯顿：“我认为物联网具有颠覆性意义，因为几乎制造所有产品如烤箱、运动鞋、车库门、背包和空调等的公司，都需要在他们的产品中安置电子设备、微处理器和软件，否则他们就该关门大吉了。那些能编写微处理器程序、制作无线传感器的人才将比只会为计算机编程的更受重视。”

克莱因：“某些设备可以使我的生活比设想的更方便舒适，作为一名技术专家，我被内置于设备中的功能深深吸引。我每天要花 3 个小时上下班，只要不开车，这 3 小时让我干别的什么都行。所以谷歌你快点吧（谷歌在开发物联网产品中处于世界前列)。”一个男人和谷歌智能鞋的对话如图 2-5 所示。

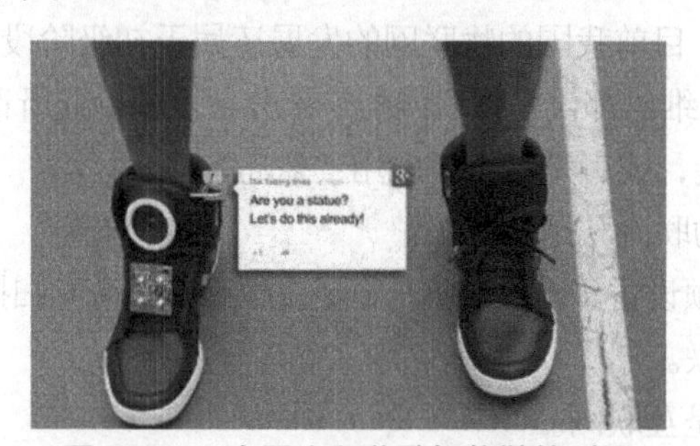

图 2-5 一个男人和谷歌智能鞋的对话

另一个我很感兴趣的物联网产品是可编程设计的 LED 灯。我可以编好程序让它早上发出青白色的光叫醒我，晚上则发温暖的黄光以放松一天紧张的神经。如图 2-6 所示。

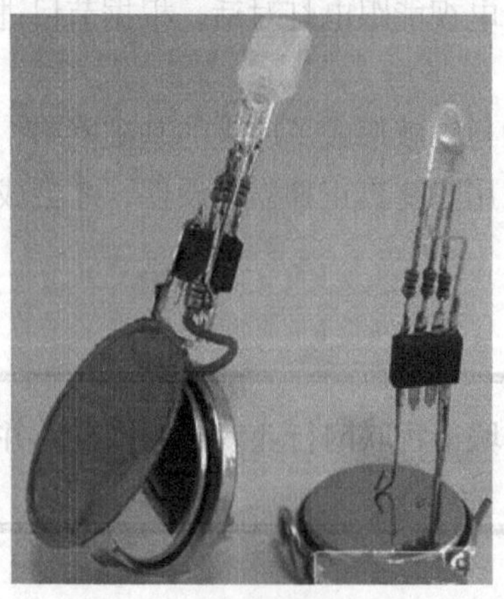

图 2-6 可编程设计的 LED 灯

威廉姆斯："对我来说，物联网带来的最有正面意义的颠覆是高效的交通。自动驾驶汽车（如DARPA和谷歌制作的）就是其中之一。想象一下所有在路上行驶的汽车都可能正互相交流着。自动驾驶带来的行程安全保障是一个好处，而另一个好处是在拥堵的街区，自动驾驶还可以减少我们的紧张感。"如图 2-7 和图 2-8 所示。

图 2-7　谷歌自动驾驶汽车获得美国驾驶执照

图 2-8　客户体验无人驾驶汽车

接着小项又看到了新华网采访国家"973"物联网首席科学家、无锡物联网产业研究院院长刘海涛的实况，如图 2-9 所示，摘要如下。

[主持人] 现在物联网已经成为热词，很多地方在做物联网项目，您作为物联网专家，请您给我们介绍一下什么是物联网？

图 2-9　刘海涛在接受主持人采访

[刘海涛] 物联网最近的发展速度非常快，它被称之为继计算机、互联网之后的信息化第三次浪潮。物联网是一个全新的概念、全新的学科、全新的技术。我们定义物联网是以感知为目的的综合信息系统。它的目的是为了感知咱们周边客观物理事物，核心是社会化属性。我们可以看一下它和互联网、计算机的一些区别，可能更深刻理解这一点。

[刘海涛] 纵观人类信息技术发展，最早的时候是计算机，计算机是推动整个 IT 技术的第一次产业浪潮，之后被称为智能化时代。第二次产业浪潮是以通信技术为核心，比如说移动通信网、互联网为代表的推动人类社会进入网络化的时代。现在物联网的出现，将会推动人类社会或者推动整个 IT 技术、IT 领域进入一个全新的社会化时代。这个社会化时代是指整个物联网这个 IT 体系具有社会属性。从这个角度来说，计算机带来智能化，通信带来网络化，物联网带来的是整个 IT 技术的社会化时代。从这个来看有一个本质的差别。

全文阅读：http://www.iot-online.com/renwuguandian/2011/1228/15362.html

讨论

以后物联网普及了，任何东西都上物联网，满世界都是信号，我们生活在这么多的信号里，对身体有害吗？如果把芯片放在人身上，您愿意吗？

任务 3　教师说物联网

下午，晓东同学跟小项来到了温职专，正好董老师在办公室，小项同学给董老师讲述了这天的经历，让董老师谈谈物联网的知识。

首先，董老师描述了物联网概念提出的背景。

物联网作为传统信息系统的继承和延伸，它并不是一门新兴的技术，而是一种将现有的、遍布各处的传感设备和网络设施连成一体的应用模式，是一个在近几年形成并迅速发展的新概念，被称为继计算机、互联网之后，信息产业的一次新浪潮。

IBM 前首席执行官郭士纳曾提出一个重要的观点被很多专家认可，他认为计算机模式每隔 15 年发生一次变革，人们将它称为“十五年周期定律”。

1965 年前后发生变革是以“大型机”为标志；

1980 年前后发生变革是以“个人计算机”为标志；

1995 年前后发生变革是以“互联网”革命为标志。

每一次这样的技术变革都引起企业间、产业间甚至国家间的竞争格局的重大动荡和变化。而互联网革命一定程度上是由美国“信息高速公路”战略所推动的。

1992 年，当时的美国参议员、前任美国副总统阿尔·戈尔提出了美国信息高速公路法案。1993 年 9 月，美国政府宣布一项新的高科技计划——“国家信息基础设施（NII）”，旨在以因特网为雏形，兴建信息时代的高速公路——“信息高速公路”，使所有美国人方便地共享海量的信资源。因此而来的时尚——苹果 iPad 便是典型一例。

2010 年前后又是什么呢？专家、机构和业界人士普遍认为应该是将 IT 技术由人类引入物体的“物联网”，即 Internet of Things（IoT）。

其次，董老师解读了物联网概念。

物联网的英文名称为 The Internet of Things，简称 IoT，即物—物相联的互联网。在政府工作报告中这样定义物联网：物联网是通过信息传感设备，按照约定的协议，把任何物品与互联网连接起来，进行信息交换和通信，以实现智能化的识别、定位、监控和管理的一种网络，在互联网基础上的延伸和扩展的网络，如图 2-10 所示。

图 2–10　物联网

在物联网领域，我们期望物体成为商务、信息和社会过程等领域的主动参与者。在这些领域里，它们能够通过感知环境信息和交换数据，实现物体与物体、物体与环境之间的互动和交流。这个过程通过触发动作或者建立服务，自主地对真实/物理世界的事件做出反应，它可以接受人的干预，也可以独立处理信息，并实现信息的互动与交流。

接着，董老师分析了物联网的特性。

物联网强调无处不在的信息采集、无处不在的传输、存储和计算处理，无处不在的“对话”，表现出了其鲜明的特性，如图 2–11 所示。

（1）全面有效的感知

通过任何可以随时随地提取、测量、捕获和传递信息的设备与系统或流程，在需要得到某个物体的信息时，该物体内和物体周围所存在的一切设备，便将当时提取到的数据传递到网络层。例如：使用必要的信息获取设备（射频识别器、二维码扫描器和传感器等），从人的血压、公司财务数据到城市交通状况等任何信息，都可以被精准、快速地获取。

（2）广泛的互联互通，可靠传输

凡是需要感知和能够感知到的物体，任何地方任何时间都可以将它的状态数据可靠地传递到物联网的任何地方，以便共享。

（3）深入的智能分析处理

对收集到的数据进行深入分析并有效地处理，以应用更加新颖、系统且全面的方法来解决特定问题，对物体实施智能化的控制，真正达到了人与物、物与物之间的沟通。

图 2-11 物联网的特性

（4）个性化的体验

物联网软件及终端产品本着以人为本的理念，针对用户的身份和业务需求提供个性化的服务，打造无缝的个性化体验，使人们在现实与虚拟的场景中实现自己的目标。

最后，董老师介绍了物联网体系结构。

从内涵上看，物联网已经成为以数据为核心、多业务融合的“虚拟+实体”的信息化系统。其体系结构可以分为感知互动层、网络传输层和应用服务层三个层次，如图 2-12 所示。

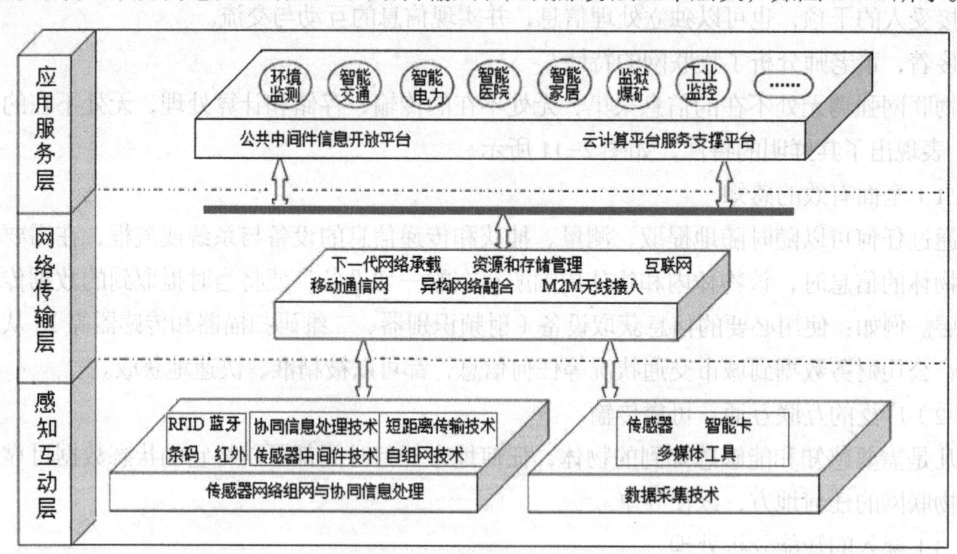

图 2-12 物联网三层体系结构

（1）感知互动层

感知互动层是物联网的皮肤和五官，用于识别物体、采集信息、通信和协同信息处理等，包括二维码标签和识读器、RFID 标签和读写器、摄像头、GPS、传感器、M2M 终端、传感器网关等，所需要的关键技术包括检测技术、短距离无线通信技术等。

感知互动层解决的是人类世界和物理世界的数据获取问题，是物联网的最底层。通过传感器、RFID、智能卡、条形码、人—机接口等多种信息感知设备，识别和获取物理世界中发生的各类物理事件和数据信息，如各种表征物体特征的物理量、标识、音视频多媒体数据等。同时将采集到的数据在局部范围内进行协同处理，以提高信息的精度，降低信息冗余度，并通过网关接入广域承载网络。

在有些应用中，感知互动层还需要通过执行器或其他智能终端对感知结果做出反应，实现智能控制，因此可将其进一步划分为两个子层。传感层、智能卡、数码相机等设备采集外部物理世界的数据后，通过 RFID、条形码、工业现场总线、蓝牙、红外等短距离传输技术实现初步的协同处理，并将初步处理过的数据传递到网络层，如图 2-13 所示。

图 2-13　感知互动层全方位有效感知

对于目前关注和应用较多的 RFID 网络来说，附着在设备上的 RFID 标签和用来识别 RFID 信息的扫描仪、感应器都属于物联网的感知层。在这一类物联网中被检测的信息就是 RFID 标签的内容，现在的电子收费系统（即 ETC）、超市仓储管理系统、飞机场的行李自动分类系统等都属于这一类结构的物联网应用。

（2）网络传输层

网络传输层是物联网的神经中枢和大脑，用于将感知互动层获取的信息进行传递和处理，包括通信网与互联网的融合网络、网络管理中心、信息中心和智能处理中心等。网络传输层所需要的关键技术包括长距离有线和无线通信技术、网络技术等。

物联网的网络传输层是建立在现有的移动通信网和互联网基础上，通过各种接入设备与移动通信网和互联网相连，解决的是传输和预处理感知互动层所获得数据的问题。这些数据可以通过移动通信网、互联网、企业内部网、各类专网、小型局域网等进行传输。特别是在三网融合后，有线电视网也能承担物联网网络传输层的功能，有利于物联网的加快推进，如图 2-14 所示。

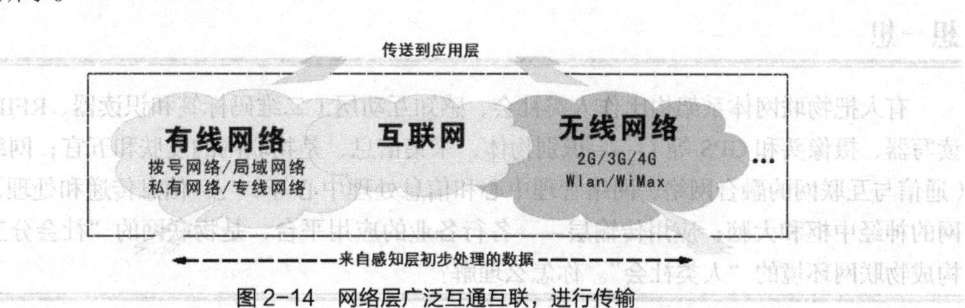

图 2-14　网络层广泛互通互联，进行传输

网络传输层中的感知数据管理与处理技术是实现以数据为中心的物联网的核心技术，包括传感网数据的存储、查询、分析、挖掘和理解，以及基于感知数据决策的理论与技术。云计算平台作为海量感知数据的存储、分析平台，将是物联网网络传输层的重要组成部分，也是应用服务层众多应用的基础。在产业链中，通信网络运营商和云计算平台提供商将在物联网网络传输层占据重要的地位。例如，手机付费系统中由刷卡设备将内置手机的 RFID 信息采集上传到互联网，网络层完成后台鉴权认证，并从银行网络划账。

（3）应用服务层

应用服务层是物联网的社会分工结合行业需求，实现广泛智能化。应用服务层是物联网与行业专业技术的深度融合，类似于人的社会分工。

物联网应用层利用经过分析处理的感知数据，为用户提供丰富的特定服务。物联网的应用可分为监控型（物流监控、污染监控）、查询型（智能检索、远程抄表）、控制型（智能交通、智能家居、路灯控制）和扫描型（手机钱包、高速公路不停车收费）等，如图 2-15 所示。

图 2-15　应用层深入处理数据，行业个性化应用

应用服务层解决的是信息处理和人—机交互的问题。网络传输层传输而来的数据在这一层进入各类信息系统进行处理，并通过各种设备与人进行交互。这一层也可按形态直观地划分为两个子层。一个是应用程序层，进行数据处理，它涵盖了国民经济和社会的每一领域，包括电力、医疗、银行、交通、环保、物流、工业、农业、城市管理和家居生活等，其功能可包括支付、监控、安保、定位、盘点和预测等，可用于政府、企业、家庭和个人等社会组织。这正是物联网作为深度信息化的重要体现。另一个是终端设备层，提供人—机接口。物联网虽然是物物相连的网，但最终是要以人为本的，还是需要人的操作与控制，不过这里的人—机界面已远远超出现时人与计算机交互的概念，而是泛指与应用程序相连的各种设备与人的交互。

应用服务层是物联网发展的体现，软件开发、智能控制技术将会为用户提供丰富多彩的物联网应用。各种行业和家庭应用的开发将会推动物联网的普及，也给整个物联网产业链带来丰厚的利润。

想一想

有人把物联网体系架构比作人类社会，感知互动层（二维码标签和识读器、RFID 标签和读写器、摄像头和 GPS 等）——识别物体，采集信息，是物联网的皮肤和五官；网络服务层（通信与互联网的融合网络、网络管理中心和信息处理中心等）——信息传递和处理，是物联网的神经中枢和大脑；应用传输层——各行各业的应用平台，是物联网的“社会分工”最终构成物联网环境的“人类社会”。你怎么理解？

知识拓展：物联网的演化与智慧地球

（1）物联网概念的演化

从物联网概念的提出到目前已经走过了十多年的时间了，在这期间出现的一系列与物联网相关的先进理念、科技创新和国家计划。当人们回首思考时，发现物联网正悄悄走进我们的生活，其发展历程如图 2-16 所示。

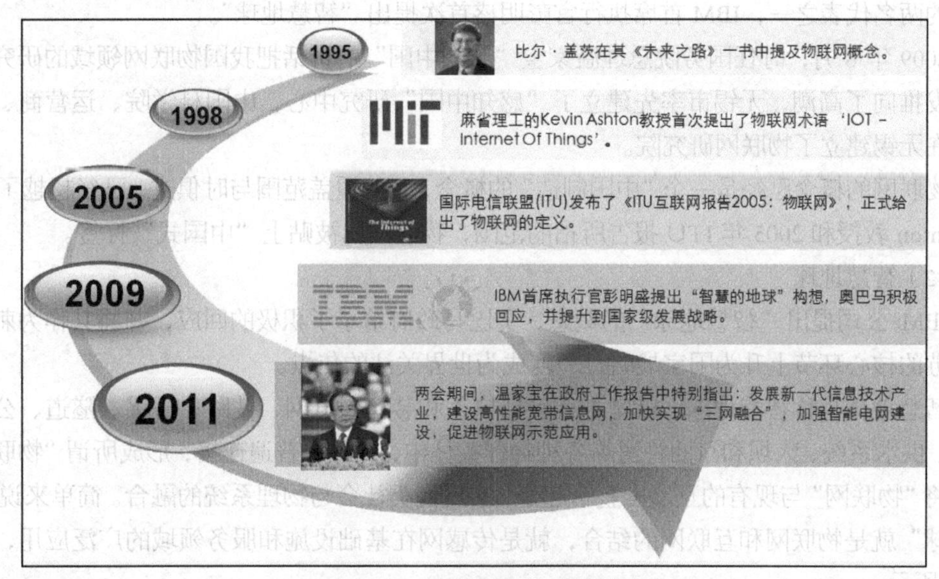

图 2-16　物联网发展历程示意

1995 年，比尔·盖茨在《未来之路》（The Road Ahead）一书中首次提及到物联网，即 Internet of Things，构想了"物—物"相连的物联网雏形，但限于当时感知和无线网络的技术发展未引起广泛重视。

1999 年，美国麻省理工学院建立了"自动识别中心（Auto-ID）"，创造性地提出了基于 EPC 系统、RFID 技术和互联网的"物联网"构想，即首先在物品上装置带有智能芯片的电子标签，标签内存储代表系统特征的物品编码，然后完成标签数据自动采集，再通过与互联网结合，提供对应编码的物品信息。

2004 年，日本总务省（MIC）提出 U-Japan 计划，该战略力求实现人与人、物与物、人与物之间的连接，希望将日本建设成一个随时、随地、任何物体、任何人均可连接的泛在网络社会。

2005 年 11 月 17 日，在突尼斯举行的信息社会世界峰会（WSIS）上，国际电信联盟（ITU）发布《ITU 互联网报告 2005：物联网》，引用了"物联网"的概念。

2006 年，韩国确立了 U-Korea 计划，该计划旨在建立无所不在的社会（Ubiquitous Society），在民众的生活环境里建设智能型网络（如 IPv6、BCN、USN）和各种新型应用（如 DMB、Telematics、RFID），让民众可以随时随地享有科技智慧服务。2009 年，韩国通信委员会出台了《物联网基础设施构建基本规划》，将物联网确定为新增长动力，提出到 2012 年实现"通过构建世界最先进的物联网基础实施，打造未来广播通信融合领域超一流信息通信技术强国"的目标。

2008 年以后，为了促进科技发展，寻找经济新的增长点，各国政府开始重视下一代的技术规划，将目光放在了物联网上。

2009 年，欧盟执委会发表了欧洲物联网行动计划，描绘了物联网技术的应用前景，提出欧盟政府要加强对物联网的管理，促进物联网的发展。

2009 年 1 月，奥巴马就任美国总统后，与美国工商业领袖举行了一次“圆桌会议”，作为仅有的两名代表之一，IBM 首席执行官彭明盛首次提出“智慧地球”。

2009 年 8 月，时任国务院总理温家宝“感知中国”的讲话把我国物联网领域的研究和应用开发推向了高潮，无锡市率先建立了“感知中国”研究中心，中国科学院、运营商、多所大学在无锡建立了物联网研究院。

物联网的概念已经是一个“中国制造”的概念，它的覆盖范围与时俱进，已经超越了 1999 年 Ashton 教授和 2005 年 ITU 报告所指的范围，物联网已被贴上“中国式”标签。

（2）智慧地球

IBM 公司提出“智慧地球”的概念，奥巴马政府给予了积极的回应，并将其作为刺激经济复苏的核心环节上升为国家战略，一度成为世界关注的焦点。

智慧地球也称智能地球，就是把感应器嵌入和装备到电网、铁路、桥梁、隧道、公路、建筑、供水系统、大坝和汽油管道等各种物理实体中，并且被普遍连接，形成所谓“物联网”，然后将“物联网”与现有的互联网整合起来，实现人类社会与物理系统的融合。简单来说，“智慧地球”就是物联网和互联网的结合，就是传感网在基础设施和服务领域的广泛应用，如图 2-17 所示。

图 2-17　智慧地球的基础

我们可以将智慧地球视为一个日益整合的、由无数系统构成的全球性系统，包含“将近 70 亿的人口、成千上万各应用、数万亿台设备和每天几百亿次的交互”。

（3）感知中国

2009 年 8 月，时任国务院总理温家宝在考察无锡传感信息中心时提出：当计算机和物联网产业大规模发展时，人们因为没有掌握核心技术而走过一些弯路，在传感网发展中，要早一点谋划未来，早一点攻破核心技术，尽快建立中国的传感信息中心，或者叫“感知中国”中心。

2009 年 11 月，温家宝总理在向首都科技界发表题为《让科技引领中国可持续发展》的讲话中再次提到物联网。他指出：信息网络产业是世界经济复苏的重要驱动力，科学选择新型战略性产业非常重要。并指出：全球互联网正向下一代升级，传感网和物联网方兴未艾，人们要着力突破传感网和物联网的关键技术，及早部署后 IP 时代相关技术研发，使信息网络产业成为推动产业升级、迈向信息时代的“发动机”。

临走的时候董老师建议小项同学带表弟到校园里、住宅小区、图书馆等一些地方寻找物联网的应用踪迹，将更有利于他们对物联网的认识。

扩展阅读

1. 腾讯视频专访物联网科学家刘海涛（腾讯网–文章.视频）
http://finance.qq.com/a/20101112/005137.htm

2. 众专家解读什么是物联网（中国网络电视台–视频）
http://fangtan.cntv.cn/20101112/106383.shtml

3. 上海交大李明禄教授:“物联网”离我们有多远（上海教育新闻网–文章）
http://www.shedunews.com/zixun/shanghai/gaodeng/2011/04/12/2306.html

4. 2015 年物联网行业发展趋势分析（中国报告大厅网–文章）
http://www.chinabgao.com/k/wulianwang/16129.html

项目小结

从行业、专家、教师的不同角度来描述什么是物联网，展现未来物联化社会的远景。从当前生活实际出发，结合不同人对物联网的认知，深化物联网的概念，对物联网的演化、特征和体系结构有一个初步的认识，并能更好地理解智慧地球的概念。在该项目中，小项同学通过查阅资料、观看视频引发更多的思考，并对物联网的发展未来充满信心。

PART 2 项目二 感受物联网

项目目标

使学生通过仔细观察，关注身边事物的发展变化，感受物联网的各种技术在日常生活中的应用，以及给人们带来的便利，巩固对物联网的认识和理解。

项目实施

根据董老师的建议，小项同学决定带表弟晓东去大学城、最近新开盘的高档小区和市图书馆看看，据说这些地方都是目前科技含量比较高的地方。他们准备通过寻找校园里的物联网应用、寻觅小区里的物联网应用、寻访图书馆里的物联网应用等一系列的活动好好地感受一下新技术对人们生活的影响，更好地认识和理解物联网技术。

任务1　寻找校园里的物联网应用

星期天早晨，晓东和表哥小项坐着邻居张叔叔的顺风车来到了大学城，远远地就看见医科大学校门口人进进出出，好不热闹。在路口的一个电子显示屏（见图 2-18）上显示：医科大学空闲车位 158，城市大学的空闲车位 111 等。

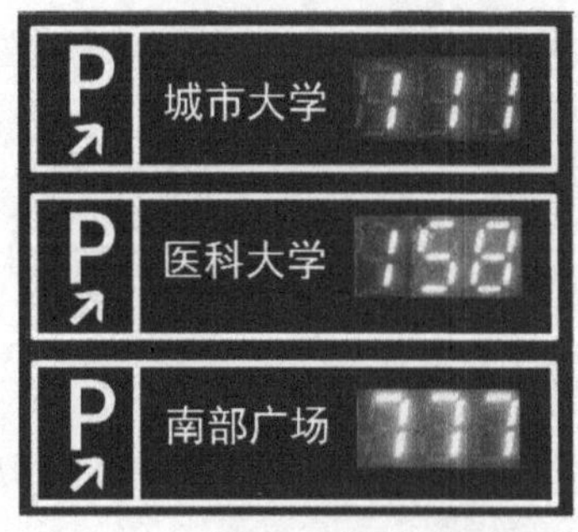

图 2-18　智能停车位显示牌和智能停车场门口的管理设备

感受 1：校园的智能化停车管理系统

因为张叔叔是医科大学的老师，所以决定首先去医科大学看看。张叔叔直接把车开到了学校停车场。在停车场门口有一些管理设备，张叔叔说这里采用的是一种叫做 RFID（即射频识别）的非接触式自动识别技术，它通过射频信号自动识别目标对象，可快速地进行物品追踪和数据交换，能够实现进出完全不停车，自动识别、自动登记、自动放行等功能，后台管理软件可实现查看进出车辆信息、进出时间查询、报表和缴费。

张叔叔的车上有一张智能卡，叫 RFID 射频卡（见图 2-19），可以与门口的读卡器相互感应（见图 2-20），卡里的信息被读到计算机系统里，由软件处理相关的信息。

图 2–19　RFID 射频卡　　　　图 2–20　RFID 读卡器

这时小项抢着说："我们老师也讲过这些，学校外面指示牌上的车位显示也是这个系统控制的。只要网络畅通就可以时时刻刻给大街上找车位的人报信。"张叔叔微笑着点头。

车开进了地下停车场，哇，真大！在停车场的拐道处都有电子引导屏，如图 2–21 所示，赫然显示着各个方位的剩余车位，很容易就找好了位置停车。晓东很好奇，这么多车位，又没有人盯着，怎么就能时刻知道哪里有几个空闲车位呢？小项说，你看看车位的后面和顶上，有传感器设备，如图 2–22 所示。它可以感应车位上有没有车停着，就像是人看着这个车位一样，只要车开走，马上就会把这个信息报告给管理中心。

图 2–21　停车场车位引导屏

图 2–22　车位感应系统

张叔叔要开会，他让一位同事小李带晓东他们参观校园。

感受 2：校园地理信息平台系统

小李老师带晓东他们来到学校的信息大厅参观，只见墙上有一个很大的屏幕，屏幕上显示着校园的大部分画面，如图 2-23 所示。这是一套利用三维平面地图实现学校后勤、安防等一体管理，实现基于 Web 的地理信息管理、后勤管理信息查询功能。

图 2-23　校园地理信息平台系统

任何与校园有关的信息都将给定位，并与空间数据联系起来。如学校每个区域的供电、供水、供气和路灯等情况，用户可以很方便地查到图文并茂的信息，而且获得最为直接的效果；校园内的人群聚集监控，以及楼顶等某些危险区域也时刻进行监控，当有人非授权闯入时，系统将实时报警，并发出信息给相关的人员。

同时，只要学生带着自己的校园卡就可以实时地对学生在校园里的位置进行定位，给学校的各项工作都带来了很大方便。

感受 3：校园一卡通强大功能

从信息大厅出来，小李老师带晓东他们来到超市给大家买水，小李老师说用她的校园卡可以打折。校园一卡通系统可以实现在校师生的身份识别、门禁识别、内部消费、公共机房上机及上网、图书馆借还图书、自助复印和校内自助租用自行车等。

小项说，校园卡应该是 RFID 卡吧，是新一代的卡，可以支持非接触式刷卡。

小李老师说他们在学校任何一个地方消费，比如在餐厅吃饭、超市买东西都可以使用校园卡，有时还可以优惠打折呢，如图 2-24 所示。

(a)　学生在食堂用校园卡消费

图 2-24　校园卡的使用

(b) 学生在超市用校园卡刷卡消费

(c) 学生用校园卡借还图书

(d) 使用校园卡控制自助复印

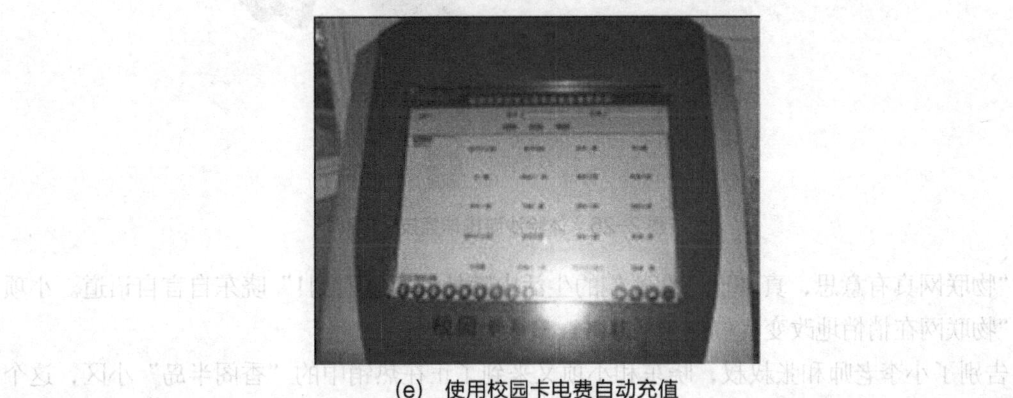

(e) 使用校园卡电费自动充值

图 2-24 校园卡的使用（续）

同时，学校还购置智能公共自行车系统，学生凭借校园一卡通可在校内的 20 多处站点自助租用自行车。首批投资 300 余万元配备自行车 1 000 辆，学生租用以每 20 分钟 3 角钱计费，每学期费用达到一定限额后可免费使用，如图 2-25 所示。

图 2-25　学生使用校园卡刷卡借车

感受 4：互动体验中心

大学生体感互动体验中心，通过类似于目前市面流行的体感游戏，整合数学、反应力、记忆力、物理和逻辑的题目，让体验者的大脑和身体得到最大程度的锻炼，如图 2-26 所示。

图 2-26　体验沙滩排球竞技

“物联网真有意思，真好玩，在我们的生活中随处都可以看到！”晓东自言自语道。小项说：“物联网在悄悄地改变我们的生活！”

告别了小李老师和张叔叔，晓东和小项又来到了正在热销中的“香阁半岛”小区，这个小区是最近半年推出高档小区，晓东的同学小米家正好上个月搬进了这个小区。

任务 2　寻觅小区里的物联网应用

小项和晓东来到了“香阁半岛”小区大门口，由于他们没有身份卡不能进去，需要走访的业主“识别”了才让进去。他们让保安拨通了小米家的电话，小米出现在墙上的显示器上，“这是可视电话”，小项说。另一个大的显示屏上的楼群中出现了一个红点一闪一闪。小米邀请两人去他家，但晓东说想先参观一下小区，请他当导游。

小区采用“物联网平台+”互联网平台，小区物管办公室设立一个智能监控中心，如图 2–27 所示。小区每隔 50~300 米的距离，安装一个读写器或读写定位器，形成一个覆盖整个小区的物联网无线骨干通信网络，承载所有小区智能系统的通信及定位功能。

图 2–27　香阁小区智能化管理图

感受 1：智能身份识别

每一位业主配置了一张基于 RFID 技术的无线身份卡，该卡为有源卡，电池使用寿命 3~5 年，是小区业主的身份识别卡，在智能小区功能实现中发挥着举足轻重的作用，小米拿出自己的卡给晓东看，如图 2–28 所示。

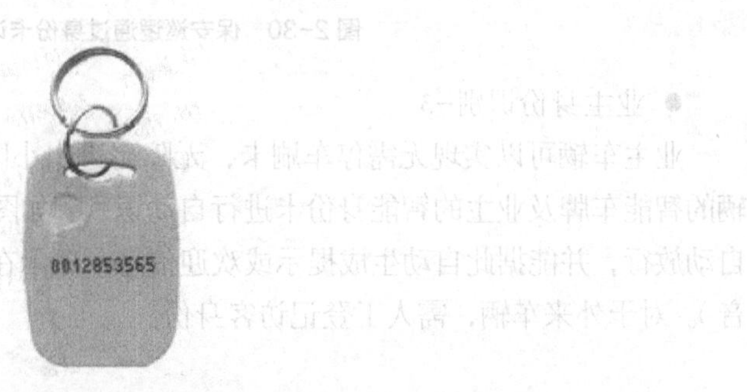

图 2–28　小米的身份卡

通过计算机系统可以将小区业主的基本物业信息录入其中：业主姓名、楼号、房号、车辆信息等，这些信息可以通过物联网平台进行交互。

● 业主身份识别-1

小区业主在进入小区大门及所住楼宇时不需要出示证件、刷卡或者按密码，系统会自动读取业主随身携带的身份卡信息，如果确认信息为小区业主，门禁会自动为业主打开，如图 2-29 所示。

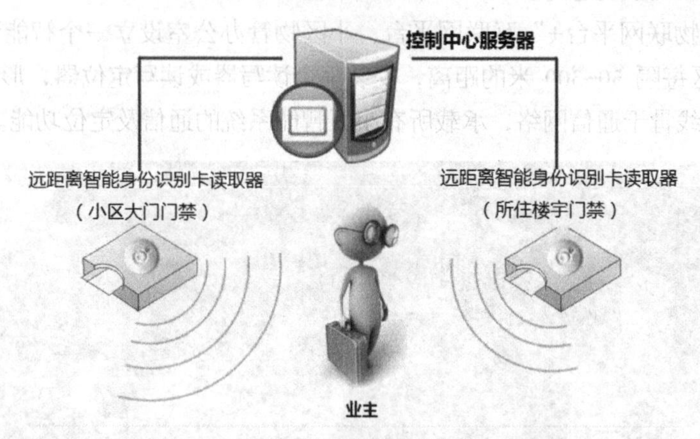

图 2-29　门禁系统通过读取身份卡识别身份

● 业主身份识别-2

移动巡逻保安可配置一台手持设备，通过该设备，保安可以识别 50 米内的所有携带身份卡的业主信息，对于没有携带卡片的人保安可以上前询问，以免外来闲杂人员混入小区，如图 2-30 所示。

图 2-30　保安巡逻通过身份卡识别业主身份

● 业主身份识别-3

业主车辆可以实现无需停车刷卡，无障碍进出小区门禁。对于进入车辆，系统可以对车辆的智能车牌及业主的智能身份卡进行自动识别，如图 2-31 所示，如匹配成功，车库门禁将自动放行，并能据此自动生成提示或欢迎信息，显示在入口处的 LED 屏幕上（或音响播报语音）。对于外来车辆，需人工登记访客身份。

图 2-31　车辆根据身份卡通过识别身份

● 业主身份识别-4

小区的物联网系统可以实时获取每一位持卡业主或者配卡成员甚至于配卡宠物的定位信息，通过此数据业主可以了解家庭成员现在所处的位置，如家中小孩目前在小区哪个地方玩耍，老人在小区内锻炼身体的具体位置等。

感受 2：智能化管理

采用物联网等高新技术的自动化和智能化手段实现对小区的路灯、家庭的智能终端、小区环境监测等的服务与管理，实现快捷、优质、高效和超值的服务与管理，创造一个安全、舒适、方便和优美的居住环境。

● 智能化的小区路灯管理

智能化的管理降低了管理成本，小区路灯可以通过智能化系统实现自动节能功能，如：光线强度感知自动开关；红外线感知自动亮度调节；损坏或非正常工作路灯自动报警信息；路灯定时、远程遥感控制，并实现单灯控制管理，如图 2-32 所示。

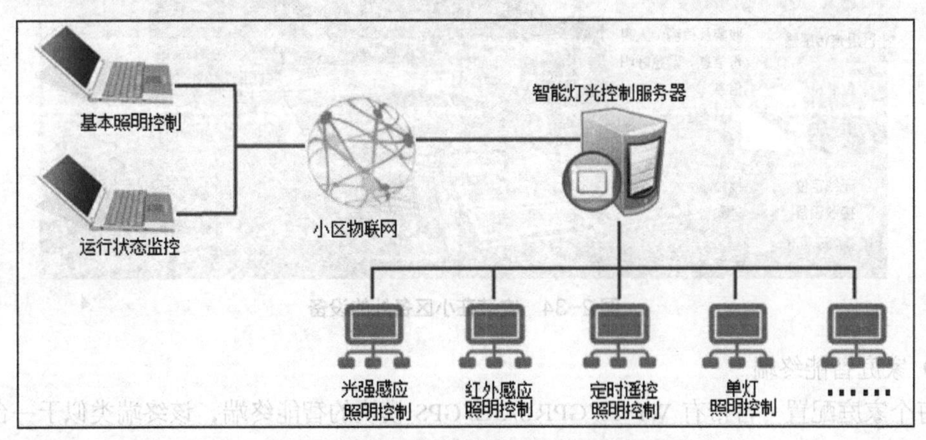

图 2-32　小区智能化的管理所有灯光照明

● 智能小区环境监控

通过安装在业主家中的智能探头，系统可以实时了解室内温度、天然气浓度等信息，如有异常信息，系统可以实现自动报警，可大大降低小区安全事故的发生概率，如图 2-33 所示。

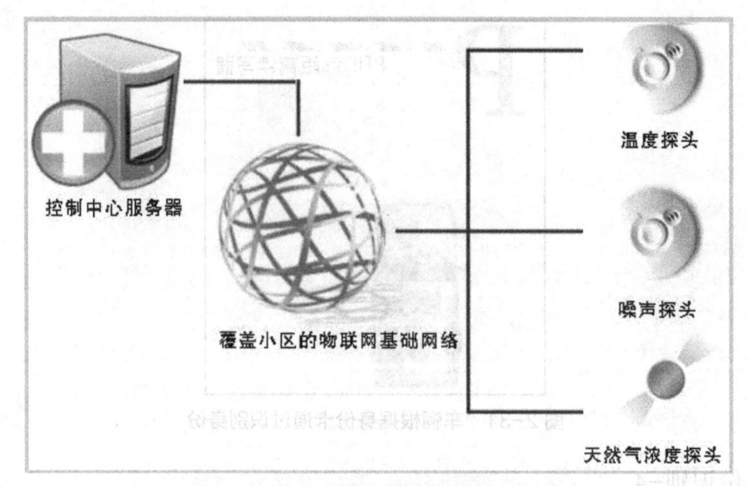

图 2-33　安装在小区业主家的各种探头

通过安装在小区各处的监控探头、温湿度传感器，系统可以实时地了解小区的温度、噪声等环境信息，信息传送到物管中心服务器，并可以显示在小区的电子物业信息公布栏中，如图 2-34 所示。

图 2-34　安装在小区各处的设备

● 家庭智能终端

每个家庭配置一台带有 Wi-Fi/GPRS/3G/GPS 模块的智能终端，该终端类似于一台上网本，通过该终端可以直接控制家中的电器设备，了解小区的实时动态，浏览网页，使用 GPS 导航功能等，如图 2-35 所示。

业主离家前可设定安防报警系统将自动启动：对特定的阀门（如煤气、水阀门）或开关（某些电器开关）还可实现自动被截断，以防止因忘记关炉灶或水龙头造成火灾或水灾等事故的发生。业主回家后，该系统将自动解除，开启各种阀门开关。

如果出现突发警情，各种安防设施传感器（烟雾、火警、盗警）的报警信号会自动通过物联网网络传往物管控制中心，并启动相关联动装置。

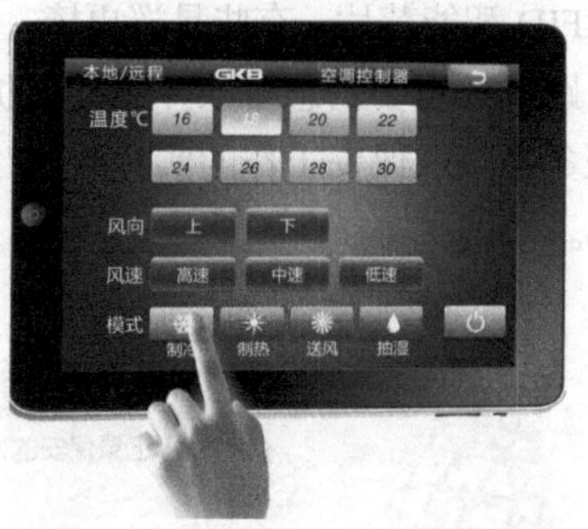

图 2-35　小米用平板控制家里的空调

● 智能抄表

远程抄表计量系统是小区智慧化重要的组成部分，它将取代传统的上门收费及 IC 卡计量收费方式，使住户的水、电、气、暖、热表的计量更准确、方便、快捷，便于集中管理，如图 2-36 所示。

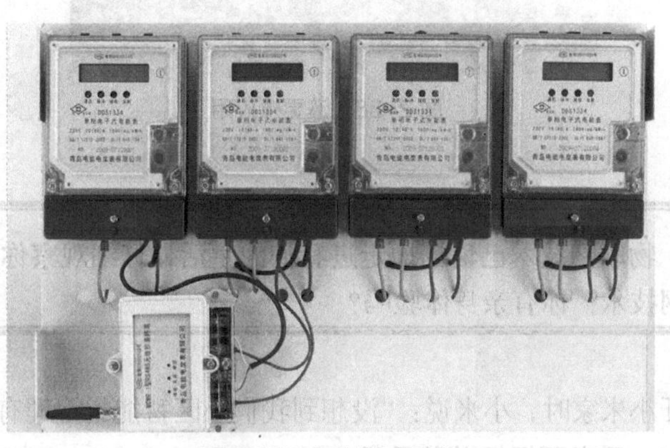
图 2-36　远程抄表系统

● 智能健康指标监控

针对部分老人或者残疾人士，提供健康及安全保障服务。接受服务的对象只需要佩戴一块外观时尚美观的“手表”，如图 2-37 所示，可以自动监控心跳、血压等人体健康重要指标数据，这些信息可以通过物联网络传送到社区医院，医院计算机系统对病人的健康指标进行监控，如果出现异常情况医院可及时为业主提供健康保障服务。在有急救请求的时候，还可以按下手表上的呼叫按钮，呼叫人的位置信息会被及时地传送到社区医院、物业监控中心，通知医护人员予以帮助或急救。

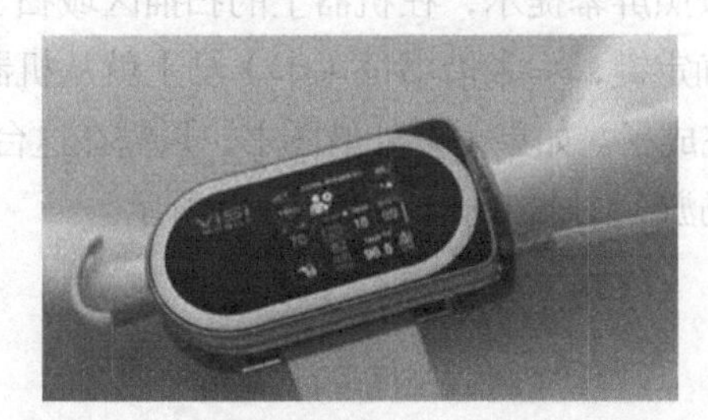
图 2-37　可用于监视病人生理参数无线腕表

感受 3：保安巡更智能监控

保安的对讲机中可植入 RFID 智能芯片，有些是巡更棒，如图 2-38 所示，小区物联网网络可将保安巡逻区域、时长、路线等重要信息写入并通过物联网无线网络传输到管控中心的数据库。管理者可以从中心服务器获取保安工作的实时信息，即时了解其工作情况，提高小区安保服务的品质和管理效率。

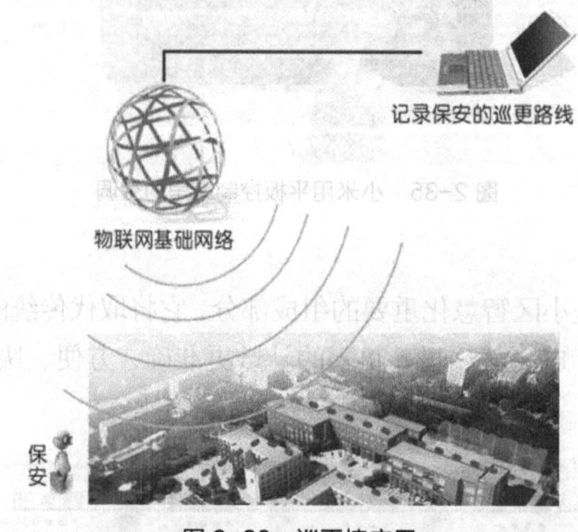

图 2-38　巡更棒应用

找一找

随着科技进步，物联网技术已悄悄地走进我们的生活，仔细观察你居住的小区，看看哪些地方应用了物联网技术？你有亲身体验吗？

参观完后，离开小米家时，小米说："没想到我们小区智能化管理有这么多知识，平时只管用，还真没有注意，看来要好好学学了。"

任务 3　寻访图书馆里的物联网应用

下午，晓东和小项来到了市图书馆，听说图书馆办卡、借还书都是自动化的。晓东早就想办借书证了。他们走上图书馆阶梯，直接来到了二楼。

感受 1：自主办证

在人工还书区的旁边设有两台自助办证机，来到自助办证机前看见图书馆工作人员正在指导一位读者办借书证：按照屏幕提示，在机器上的扫描区域扫了一下市民证件，提示输入联系电话，在触摸屏上按确定键，一张借书证（卡）马上就从机器中被"吐"了出来，前后只几秒钟，借书卡就制作完成了。如果需要外借图书，只需在这台机器上向卡内预存 100 元，开通外借功能，就可以"畅游"图书馆了，如图 2-39 所示。

图 2-39 图书馆工作人员在指导市民使用自助办证机

感受 2：图书精确“定位”

自助图书馆设有智能书架与图书定位系统，可以大大缩短找书的时间。据图书馆工作人员介绍，智能书架与图书定位系统，是通过书架天线对持有 RFID 标签的图书（见图 2-40）进行分层、分面扫描，可完成图书清点、图书查询定位、错架统计等，读者可以通过计算机终端查询准确获取图书的实际位置，迅速、准确地找到所需要的图书。

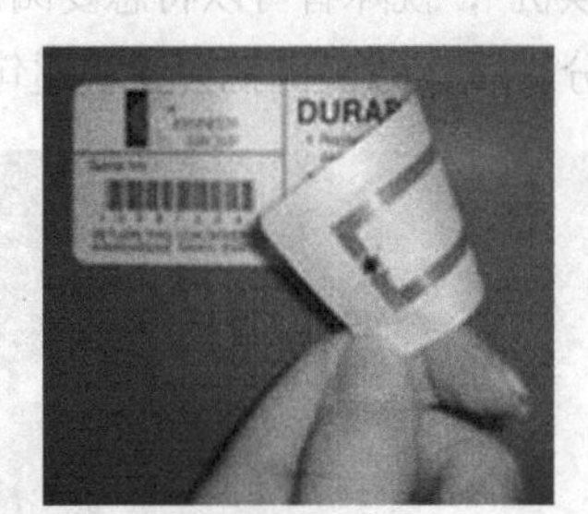
图 2-40 贴在图书封页上的 RFID 卡

小项说：记得老师讲过，图书馆图书管理系统最主要的是无线射频识别（RFID）技术，它利用射频信号通过空间耦合来实现无接触信息传递，并通过所传递的信息达到识别，再加上相关的图书馆自动化集成系统，即可实现物—物交流。

感受 3：“隔空”翻书感受高科技

在二楼还书服务台的前方，还设有一个新技术体验区，全新的科技设备为读者提供多种智能化的阅读体验。

在虚拟翻书系统前，可以看到桌面上有一本翻开的虚拟图书，类似一本放大数倍的古老书籍放在你面前，如果想看下一页书，只要伸手在感应区做出翻书动作，这本虚拟图书就会自动翻页，栩栩如生的动态翻页效果还伴有音效，如图 2-41 所示。

图 2-41　工作人员在展示用虚拟手势翻阅电子书籍的技术

在虚拟翻书系统后面是全息成像系统，现场工作人员介绍，这个设备是在镜面再现投影信息的虚拟影像，显示系统表面如同镜子一般流光溢彩，同时集成触控操作，实现良好的人一机互动，读者根据自己喜好可以玩游戏、阅读书籍等。

感受 4：视障读者可靠“听书”来吸取知识

在六楼为盲人读者专门开辟了“视障读者阅览区”，划出各条盲道，便于视障者行走，同时在阅览室内还有两台“一键式阅读机”，视障者可以将想要阅读的书籍复印在 A4 纸上，然后将纸张放在阅读机内扫描，经过数分钟后，阅读机就会逐字逐句地读出内容，如图 2-42 所示。

图 2-42　视障读者服务区的盲文书刊

感受 5：自主借还书

RFID 可以解决图书的自助借还，图书的快速盘点、查找、乱架图书的整理、图书环境监测、门禁、物流配送和查询等问题，并且能与现有的图书管理系统无缝衔接。借书时只要把借书卡靠近读卡器里，再把要借的书在扫描器上放一下就可以了；还书过程更简单，只要把书投进还书口，传送设备就自动把书送到书库，如图 2-43 所示。

图 2-43 读者在自主还书

另外，24 小时自助借还书机（见图 2-44），以高科技装备为读者提供最人性化、便捷化的服务，该设备固定放置于图书馆门前广场上，方便读者的借阅。

图 2-44 24 小时自主借还书机

试一试

利用双休日，到图书馆走走，看看你所在城市的图书馆里有哪些行为应用到了物联网技术，感受一下新技术带来的便利。

扩展阅读

1. 物联网发展迅速可穿戴设备或替代智能手机（凤凰网-视频） http://baidu.v.ifeng.com/watch/03901409674119729438.html?page=videoMultiNeed	
2. 身边的物联网（优酷-视频） http://v.youku.com/v_show/id_XNjQ1MTYzNTgw.html	
3. 校园物联网（优酷-动画） http://v.youku.com/v_show/id_XNzQyNTI3Nzg0.html	
4. 物联网在生活中的应用（酷 6-视频） http://baidu.ku6.com/watch/3212941091178543522.html?page=videoMultiNeed	
5. 国内首个“智慧图书馆”盐田诞生（网易新闻-文章） http://news.163.com/15/0421/05/ANN15EJU00014AED.html	

项目小结

从校园到自己的居住小区，再到智慧化场馆，尝试寻找身边的物联网应用。通过观、询问和资料查询，对所发现的物联网应用进行体验与分析，加深对物联网及其应用的认识。通过本项目的实践，小项同学开拓了视野，认识到了形形色色的物联网小应用，感受到高科技给生活带来的变化，树立学好物联网知识与技能的信心。

PART 3 项目三 展望物联网

项目目标

通过老师、同学之间的讨论、网络查询等各种认知，能预测性地描述未来物联网的发展、未来人们的生活方式及未来的教育。

项目实施

语文老师布置了题为《未来的生活》的作文，晓东同学很感兴趣。因为最近一直关注物联网技术，经常上网查看相关的文章，他憧憬美好的未来，不止一次地想过自己的未来生活，遐想着新一代信息技术给未来的自己生活、工作带来的便捷、舒适和高效。

任务 1　设想未来的生活

物联网是一个通过多台设备，无需人工参与，而进行相互沟通的网络。这个由设备到设备的通信主要涉及数据的收集和处理，设备自己可以做出决定，并采取相应的行动。随着物联网的普及我们的生活将会什么样的呢？ 憧憬一下未来的生活吧！

憧憬 1：早上 7：00，卧室灯光自动亮起，窗帘缓缓拉开，音乐响起，开始播放最喜欢的歌曲，咖啡机开始煮咖啡，全新的智能生活已经开始；当进入卫生间洗漱，卫生间灯光及音乐自动开启，卧室音乐关闭，洗漱完，走出卫生间，卫生间灯光及音乐自动关闭；进入厨房，咖啡已经煮好，面包已经加热完毕，已经可以享用早餐啦。这时，轻按“思想家”智能面板右键“早餐”模式，客厅电视机打开，电视机自动切换到中央新闻频道，边看新闻边享受早餐。

时间刚好 8：00，“思想家”智能家居系统闹钟开始响起，电视机自动关闭，开始准备出门上班，走到家门口轻按随身的射频遥控器或玄关的智能面板“离家”场景键，所有灯光全关，预设的全部电器电源全部切断，窗帘自动关闭，安防系统 3 分钟后自动进行总布防。

憧憬 2：寒冷的冬天，下班途中，通过移动终端把空调或地暖开启，如图 2-45 所示，回到家就可以享受温暖的冬天，如果还想洗个热水澡，那可以同时把热水器启动，这样回家就可以泡浴啦！

图 2-45　使用移动终端控制家里的空调和热水器

驾车到车库门前，轻按随身射频遥控器的“回家”场景键，如图 2-46 所示，车库门自动打开，车库灯亮起，从车库通向客厅的走道灯光自动打开，客厅预设的“回家”灯光场景启动，预设的各路灯光已经调到预设的亮度，背景音乐自动开始播放预设音量的 MP3 歌曲，客厅电动窗帘缓缓拉开，夜色美景尽在眼前，饮水机开始加热。坐在沙发上，先小憩一下，让轻柔的音乐放松一下自己忙碌的神经；开始准备晚餐，进厨房，轻按“思想家”智能面板“烹饪”场景键，厨房背景音乐响起，并自动播放 FM 调频立体声，财经之声开始广播，排风扇开始排风；烹饪完毕，轻按“结束”场景键，背景音乐关闭，3 分钟后灯光自动关闭，5 分钟以后脱排油烟机及排风扇停止排风。

图 2-46　使用移动终端调整

憧憬 3：50 年后的一天，晓东吃过晚饭正在和小孙子玩耍，他的腕表响了起来，按下接受按钮，表哥老项的身影显示在他的腕表上，如图 2-47 所示，原来是老项邀请他下象棋。

晓东欣然应邀，坐在茶几前面，在自己的腕表上启动了娱乐投影模式，只见茶几上出现了一副摆好的象棋，同时表哥老项的图像画面也显示在茶几的对面，老哥俩边下象棋边斗嘴，就好像两个人真的在一起一样。如图 2-48 所示。

图 2-47　晓东的腕表显示表哥

图 2-48 小项和晓东通过全息投影下象棋、聊天

说一说

前后桌 3~4 个同学一组做一次白日梦。遐想自己 20 年、30 年……以后的生活，谈谈你对未来生活的憧憬。

在未来，每个物将真正具备互联对话的能力，形成物与物庞大的基础网络，各行各业都能够为上层应用提供统一的标准接口，真正实现应用独立于硬件，物物跨行业、跨领域互联。

场景 1：某一天突然有空调维修工上门告诉你家中空调有问题，你还惊异地不相信。原来是天气降温，空调出现故障，自己保修了。如图 2-49 所示。

图 2-49 空调自己报修

场景 2：吃过早饭要去上班，刚出大门，公文包说话了！原来晓东今天开会的重要文件忘带了，公文包提醒主人，如图 2-50 所示。

图 2-50 公文包提醒主人忘带文件

场景 3：晓东把衣服放进洗衣机里开始洗衣服，衣服"告诉"洗衣机洗自己时对水温的要求等，如图 2-51 所示。

图 2-51　衣服告诉洗衣机自己对水温的要求

场景 4：货车装载超重时，汽车会发出警报，自动告诉司机车辆超载了，并且超载多少，空间还有多少剩余，轻重货怎么搭配等，如图 2-52 所示。到站卸货时，工人们把货物扔来扔去，一件货物提醒让他轻点，如图 2-53 所示。

图 2-52　汽车要求把剩下的货物装到其他车上

图 2-53　货物提醒卸货工人轻点儿

任务 2　展望物联网背景下的未来教育

随着物联网理念的引入，技术的提升，政策的支持，将给未来教育带来革命性的变化，智慧教育将迎来大发展的时代。那么，未来的课堂会是怎么样的？我们大胆设想一下。

课堂场景 1：同学们带着自己的移动设备（如 iPad），在无线网络覆盖的教室里，用自己的账号进入系统，跳出一段清晰的图像和声音："走进大自然，观察蚂蚁的生活习性……"学生戴起自己的智能眼镜，通过全息投影和 3D 虚拟技术走进了大自然，看到了蚂蚁生活的天地，并不时地记录着老师提问和答案，其中一个同学还连线了著名的昆虫学家张润志博士，请教了一些问题，如图 2–54 所示。

就好像在真实的环境里一样，这是预想未来的一堂探究"蚂蚁的生活习性"的课前预习课，教师只要将"蚂蚁的生活习性"的教学资源事先准备好放入平台，就可以引导学生进行学习。

图 2–54　智慧互动教室

课堂场景 2：初一（1）班正在上体育课，他们马上就要跑八百米了，张海同学看了一下自己的腕表，自己的体温是 37.1℃，脉搏是 72 次/秒，血压是 110/70mmHg，身体状况正常，如图 2–55 所示。同时在学校的医务室里有一个大屏幕实施监控着操场上上体育课的各班学生的身体状况，只要有学生身体的状况出现异常马上会报警，体育老师、班主任和家长都会收到报警。物联网将孩子的身体特征信息接入互联网中，家长还可以实时监控到孩子的身体状况。

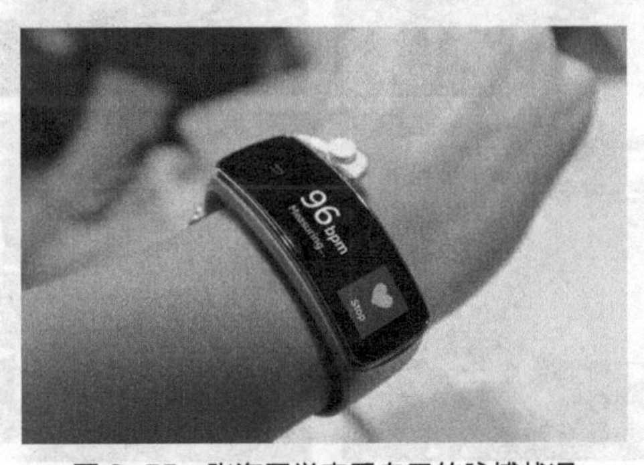

图 2–55　张海同学查看自己的脉搏状况

物联网、云技术、大数据等一系列酷炫的应用，都将真正地颠覆人们的观念，让我们对教学环境的研究有了新的思路，更细致地了解学生学习环境的变化，以及这种变化对学生学习的影响。

未来的教室一定是云端教室，如图 2-56 所示，包括电子课本、电子课桌、电子书包、全息投影……在资源方面，由模拟媒体到数字媒体，再到网络媒体，资源最终都在教育云上，内容达到极大丰富，从而满足个性化的学习。

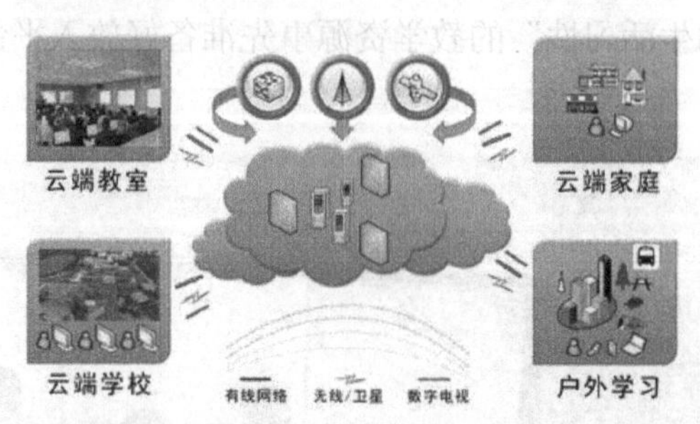

图 2-56 未来的教室云平台

未来学习环境将会更加的智能化。物联网技术使得物理教学环境的每个物件都具有数字化、网络化、智能化特性，可以与虚拟学习环境进行无缝整合，可以即时地捕捉、分析师生的教与学的需求信息，并进行相应调整，为师生提供智能化的教学环境与教学资源。比如，在教室里可以有感知光线的传感器，会随时监控光线亮度，控制教室照明灯的开关，还可以根据光线强度调控学生所用计算机屏幕的亮度；学生可以在教室内利用设备读取本地或调用异地嵌入了传感器的物体的数据用于当前的学习。

教育教学不再以教师为中心，教师是学习过程的参与者、协作者，而不是简单的“传道者”；学生的学习是“终身的”“无所不在的”，可以向周围的社区、网络资源等学习，可以在教室、飞机、汽车等任何地方学习，可以现场学习，也可以虚拟学习……学习方式发生革命性变化，如图 2-57、图 2-58 所示。

图 2-57 未来学习环境

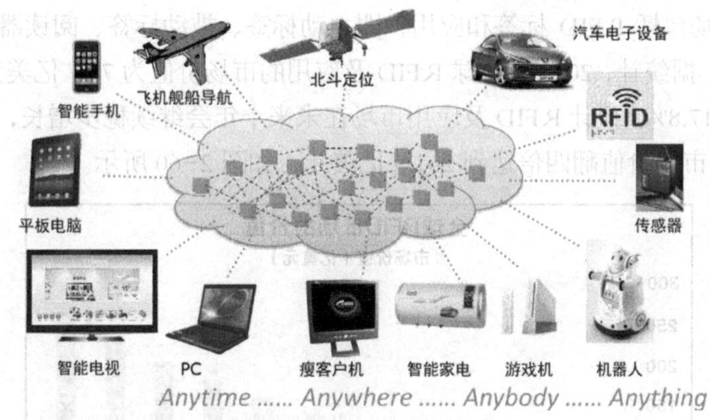

图 2-58　未来学习无所不在

任何人都无法准确预测未来，但是研究者一直在通过多领域的研究去探索无限的可能性，让梦想成真。相信在不久的未来，大家就可以在工作生活中体会今天憧憬的许多项目所带来的便利。

任务 3　用数据说话

受各国战略引领和市场推动，全球物联网应用呈现加速发展态势，物联网所带动的新型信息化与传统领域走向深度融合，物联网对行业和市场所带来的冲击与影响已经广受关注。

我国已经形成涵盖感知制造、网络制造、软件与信息处理、网络与应用服务等门类的相对齐全的物联网产业体系，产业规模不断扩大，已经形成环渤海、长三角、珠三角及中西部地区四大区域集聚发展的空间布局，呈现出高端要素集聚发展的态势。

从前瞻产业研究院发布的数据中产业规模上来看，我国物联网近几年保持较高的增长速度，2013 年我国整体产业规模达到 5 000 亿元，同比增长 36.9%，其中传感器产业突破 1 200 亿元，RFID 产业突破 300 亿元，预计到 2015 年，我国物联网产业整体规模将超过 7 500 亿元，信息处理和应用服务逐步成为发展重点。

从国际市场来看，许多国家开始提出“万亿个传感器覆盖地球”计划，旨在推动社会基础设施和公共服务中每年使用 1 万亿个传感器。10 年后，传感器数量将突破 1 万亿个，再过 10 年，会达到数 10 万亿个，如图 2-59 所示。

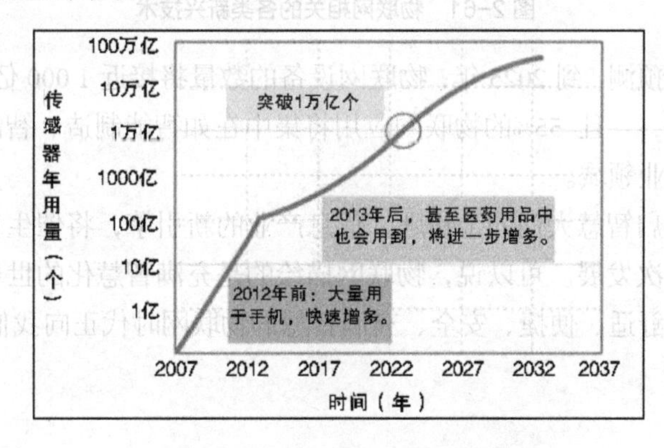

图 2-59　“万亿传感器”的普及进程

而 RFID 市场包括 RFID 标签和应用，即主动标签、被动标签、阅读器、软件、服务、网络等相关产品。据统计，2012 年全球 RFID 及应用的市场价值为 76.7 亿美元，较 2011 年的 65.1 亿美元上升 17.8%。预计 RFID 及应用市场在未来十年会继续稳步增长，保持约 20%的增长率，到 2022 年市场价值翻四倍达到 261.9 亿美元，如图 2-60 所示。

图 2-60　市场预测价值

从物联网概念的提出到目前已经走过了十多年的时间了，在这期间数字地球、智慧地球、E-社会、U-社会、感知中国、无线传感、无线通信、射频识别、云计算机、3C 协同、三网融合、嵌入式系统、智能技术等先进理念、科技创新不断涌现，如图 2-61 所示。然而，当人们回首思考时，发现这一切其实就是物联网，物联网囊括了上述所有思想和技术。

图 2-61　物联网相关的各类新兴技术

有相关权威机构预测，到 2025 年，物联网设备的数量将接近 1 000 亿个，每小时将有 200 万个传感器得到部署——且 55%的物联网应用将集中在如智能制造、智能电商、智慧城市、智能公共服务等的商业领域。

物联网被称为开启智慧大门的金钥匙、信息产业的新引擎，将催生行业信息化和下一个万亿级产业向更深层次发展。可以说，物联网描绘的是充满智慧化的世界。这就是物联网时代的生活，一个更加舒适、便捷、安全、充满智慧的物联网时代正向我们走来。

扩展阅读

1. 物联网未来的高科技生活（华数 TV–视频）
http://www.wasu.cn/Play/show/id/4967390

2. 未来教室怎么样？（郑州晚报数字报–文字）
http://zzwb.zynews.com/html/2014-11/21/content_616155.htm

3. Intel 未来教室（乐视网–视频）
http://www.letv.com/ptv/vplay/21217250.html

项目小结

在理解物联网概念和探寻身边物联网应用的基础上，展望物联网行业未来的发展趋势，思考前沿技术给社会带来的变化，憧憬人类未来的生活和教育。尽情发挥个人的想象力，描绘美好的未来，为学好物联网专业知识与技能积聚动力。

综合评价

任务完成度评价表

任务	要求	权重	分值
认识物联网	能够通过运行简单的程序实现传感器的功能，理解传感器的作用，并列举传感器行业中的实际应用；能对各种传感器进行分类，认知不同形式的传感器产品	30	
感受物联网	能够通过识读和制作一维、二维码，理解条码识别技术的作用和具体应用	30	
展望物联网	能够认识不同种类的电子标签，认知各种标签的性能与作用；能够通过搭建简单的 RFID 应用，了解 RFID 技术的基本工作机制和应用场合	30	
总结与汇报	呈现项目实施效果，做项目总结汇报	10	

第三篇

感受物联网行业应用

情景描述

炎炎夏日，开着车回家的小董，用手机打个电话就可以提前打开家里的空调，让榨汁机准备一杯新鲜的果汁，再让家庭音响准备好他最喜欢的音乐；慵懒的冬季，躺在客厅沙发上的小董，通过手机里的遥控 App 就可以让厨房里的咖啡机煮出一壶热咖啡，让微波炉准备一份香喷喷的晚餐。小区里再也没有神色紧张的保安，谁家的煤气漏了，发生火灾了，有人闯入了，都会自动及时地通报到小区的报警服务器。

学习目标

了解智能家居的组成，体验智能门禁、智能环境、智能照明、智能安防。

能够掌握智能窗帘的安装。

了解智能农业的应用。

能够使用温度传感器配合 App 实现温度自动控制。

了解智能医疗的发展。

能够正确使用医疗实验箱套件实现远程健康监护。

PART 1

项目一 感受智能家居应用

项目目标

通过物联网智能家居样板间里的智能门禁、智能安防、智能家电来感受智能家居的应用。实践环节中通过智能插座手机客户端来控制电器，通过安装智能窗帘了解常用智能家居设备的安装和使用。

项目实施

清晨 7 点整，轻柔的音乐自动响起，并逐步增大音量催小董起床，卧室的窗帘自动拉开。7 点 10 分，电视自动调整到新闻频道开始播报当日新闻，而厨房里的智能咖啡壶也开始冒热气，它已自动为他煮好了咖啡。用完早餐，小董出门上班后，家中的灯、不必要的家电、门窗等都将在智能家居系统的控制下自动关闭；在上班时随时可以通过网络观察家里的状况。下午孩子放学回家，录入安全指纹开门进屋，同时还能收到孩子到家的信息；下班路上他通过手机启动预先放好食物的电饭锅、微波炉等，回家就有热腾腾的美食。同时，空调会调置到最佳温度，洗衣机会洗涤留下的衣物，冰箱会通过网络到超市要求进货……

任务 1　体验智能家居应用

智能家居这么神奇，就让我们跟着小董一起动手来体验吧。

图 3-1 是物联网智能家居样板间，它是智能家居的一个仿真环境，是实际应用的浓缩，包括智能门禁、智能窗帘、智能家电、智能安防等应用子模块。

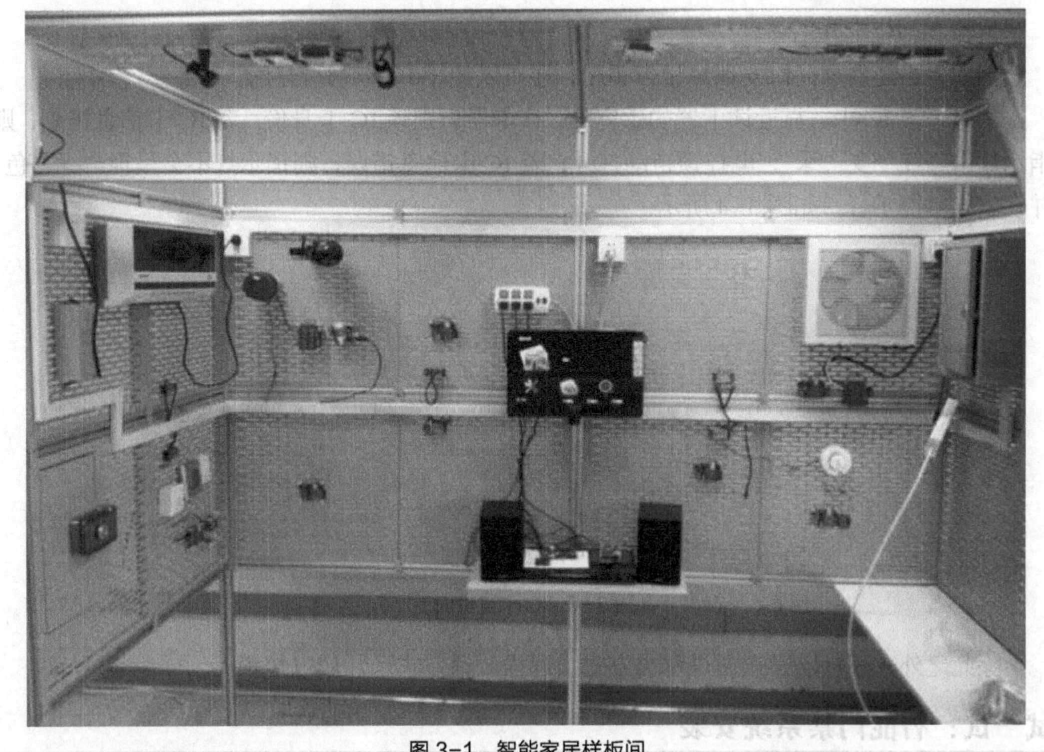

图 3-1 智能家居样板间

1．智能门禁

体验 1：手机打开大门

例如，当有亲朋好友来访时，在远程的你可以拿出手机，打开远程控制 App，当呈现如图 3-2 所示的控制界面时，点击其中的“解锁”按钮，随着“叮咚”提示音，如图 3-3 所示的电控锁自动打开。

图 3-2 控制界面

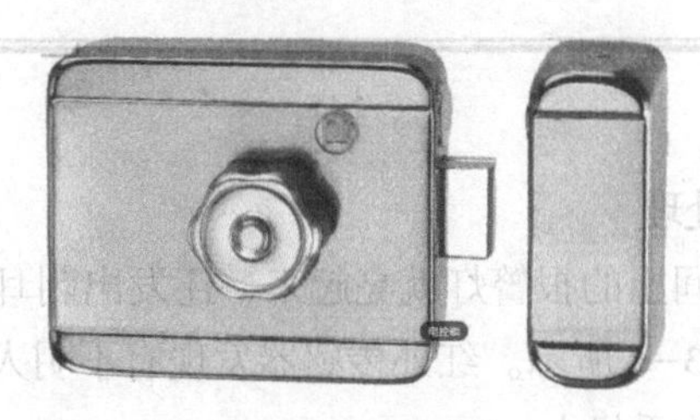

图 3-3 门禁系统

体验 2：IC 卡开门

例如，当走到家门口发现忘记带钥匙，还可以使用 IC 卡刷卡开门。

拿出一张 IC 卡，靠近读卡器的感应区，读卡器识别该 IC 卡身份。若 IC 卡信息正确，则指示灯由“红”变“绿”，电控锁自动打开；若 IC 卡信息错误，则指示灯不会呈现“绿”色，并发出异常提示音。如图 3-4 所示。

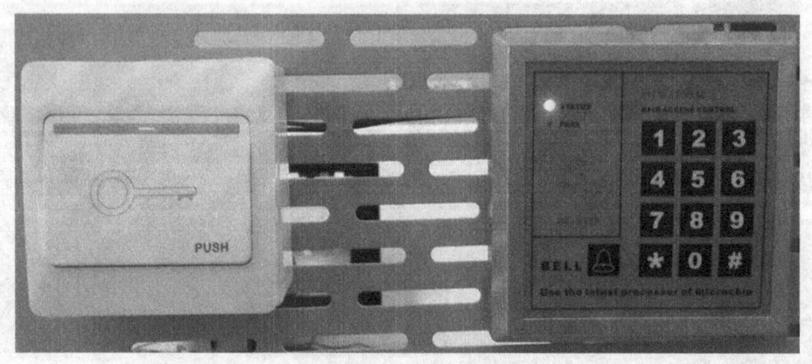

图 3-4　IC 卡身份识别

除此之外，还可以尝试通过密码方式、远程对话方式来开启电控锁。

试一试：智能门禁系统安装

请对照图 3-5 所示的接线图，尝试智能门禁系统的安装，安装后按照体验 1 和体验 2 进行测试。

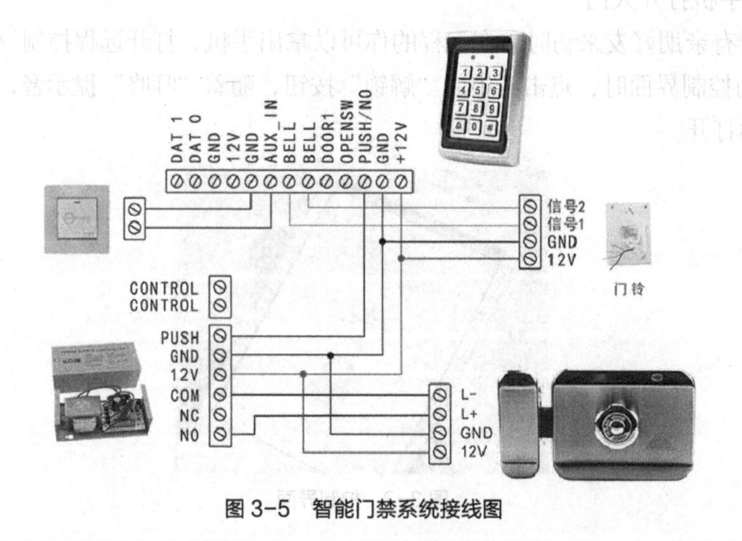

图 3-5　智能门禁系统接线图

2．智能安防

体验 1：非法闯入报警处理

当有人进入房间时，房间里的报警灯就亮起来，还发出刺耳的声音。这是房间里安装的红外传感器起作用了，如图 3-6 所示。红外传感器发现有不明人员进入房间，发出报警，并将现场图片发送到屋主指定的手机上。

除了红外感应外，门窗上也可以安装门磁传感器，如图 3-7 所示。当有人从门窗非法闯入时（在没有刷卡或者不合法操作时门窗被打开，如踹开或者撬开）将报警，它可以配合门禁控制器启用门长时间未关闭报警等。

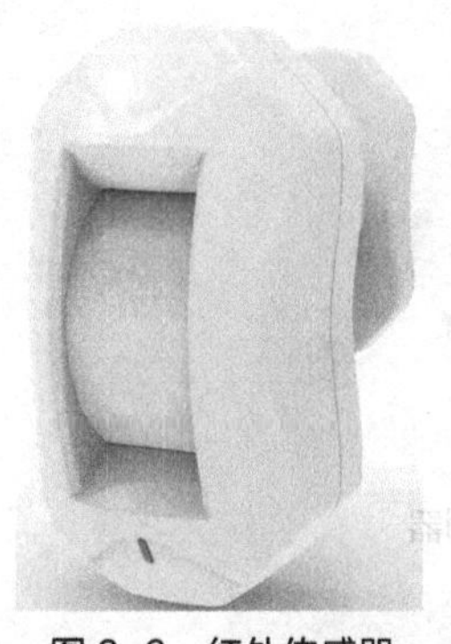

图 3-6　红外传感器

图 3-7　门磁传感器

体验 2：火灾报警与处理

烟雾传感器（见图 3-8）利用一个先进的放射源和对比空间、开放空间对重离子进行放射探测，不管是明火、无火、有烟、无烟燃烧，它都比较灵敏。尝试将打火机开启，或点燃纸张，不断靠近烟雾传感器来探测传感器的灵敏度。当传感器感应到火焰时，它的指示灯点亮，呈红色，并发出刺耳的声音，同时智能家居系统自动拨打用户手机和 110。

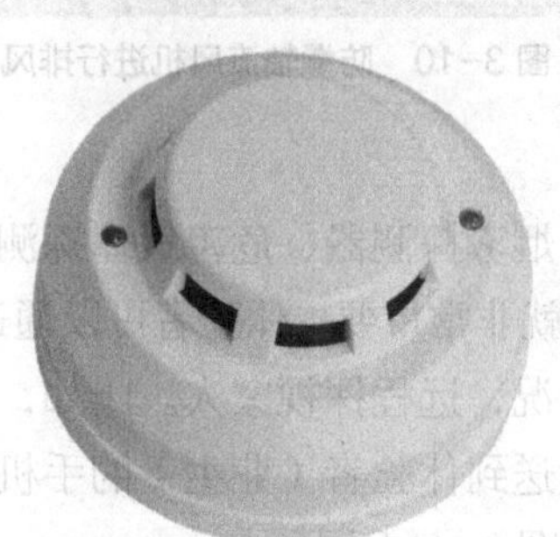

图 3-8　烟雾传感器

体验 3：危害气体泄漏报警与处理

检测报警功能：报警器接通电源后，绿灯亮或闪烁 3 分钟后，开始正常工作。准备好少量的危害气体靠近传感器释放。当所检测到危害气体泄漏达到预警浓度时，报警器开始报警，绿灯熄灭，红灯闪亮，发出“滴-滴-滴”的持续报警声音，同时发出调频无线报警信号。当所检测气体的浓度下降到预警浓度以下，报警器停止报警。实际上准备危害气体有一点危险和难度，体验者可以尝试用手按测试按钮进行模拟报警，来观察报警时的状态，也可以用来检测报警器是否完好。最简单的方式是将打火机的气体向传警器气孔喷入，5～8 秒后报警器将会通过声光报警。

报警后的联动处理：当发现危害气体达到预警浓度，报警器开启报警状态的同时，自动开启防爆轴流风机进行排风，等气体的浓度下降到预警浓度以下，间隔一段时间后自动关闭排风。如图 3-9、图 3-10 所示。

器件安装位置：首先确定可燃气体与空气的比重，然后将报警器固定安装在距气源半径1.5m 以内的合适位置。例如：煤气，比空气轻，漂浮在高处；天然气，比空气轻，漂浮在高处；液化石油气，比空气重，沉积在低处。

图 3-9 危害气体探测器

图 3-10 防爆轴流风机进行排风

体验 4：远程监控与摄像

当房间里的红外线探测器、烟雾探测器、危害气体探测器发出报警时，屋主往往不能第一时间赶到现场，这时远程监控就非常重要。体验者可以通过手机远程调控家居内的摄像头，从而实现远程监控，了解家庭情况，远程探视家人。比如，当窃贼趁家中无人进行偷窃时，自动报警信号能够在第一时间发送到体验者（业主）的手机上，同时传送实时视频，体验者可以对现场进行喊话驱逐等。如图 3-11 所示。

图 3-11 手机远程查看家中的视频并通话

3. 智能家电

体验 1：智能照明

体验者进入房间，客厅的灯自动打开。当人体红外传感器发现有人进来时，按联动设置的条件自动打开客厅的灯。当然，体验者也可以使用手机 App 来打开或关闭灯，还可以控制灯泡的亮度和色彩。体验者还可以在任何地点、任何时间通过手机获知居室的智能灯光的工作状况，包括颜色、亮度、耗电等综合性指标，还可以依据个人的颜色喜好实现远程调节，如图 3-12 所示。

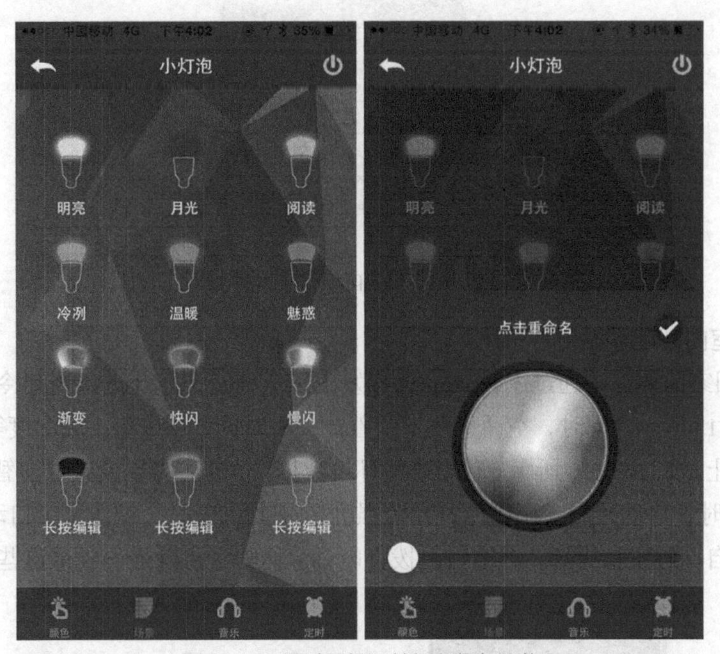

图 3-12 通过手机开关灯和颜色调节

体验者通过手机 App 可以设置智能灯光灯的定时亮起和关闭，按照自己的生活节奏度过每一天。如图 3-13 所示。

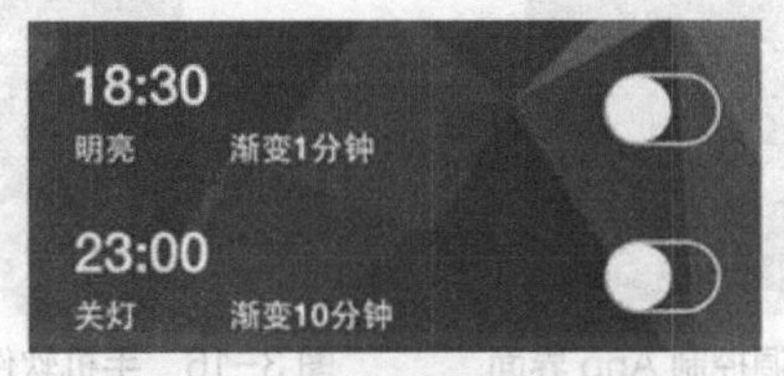

图 3-13 智能照明定时器设置

体验 2：一键启动家庭影院

当我们想在家欣赏一部影片时，需要打开机顶盒、电视，关上灯，拉上窗帘，这是多么的麻烦，如果有了智能家居系统，就便捷多了。体验者拿出手机通过 App 打开图 3-14 所示的“影院模式”，此时电机和机顶盒将会自动打开，同时客厅壁灯缓缓变暗，智能窗帘自动关闭；使用手机选择影片后，点击播放，声音由远及近渐渐响起，坐沙发上就可以开始欣赏影片。

场景联动功能使智能家居完全提升一个档次，它使整个智能家居的控制更加简单和有趣。由于在家中的每个活动都会有不同环境需求，家庭中不同的场景切换就显得非常重要。智能家居的场景功能允许我们自由地将其添加到不同场景中，实现一键多设备的控制，如将射灯加入到娱乐模式中，当一键点击娱乐模式时，射灯就会自动打开或关闭。早上上班时开启“安防模式”键，所有正开启的灯光和背景音乐自动关闭，风扇和空调等家用电器进入待机状态或断电关闭，客厅窗帘缓缓关闭，报警传感器等可以一并联动激活。一切只需轻轻一点，全部搞定，让您的生活从此化繁为简。体验者可以对这些功能进行逐一尝试。

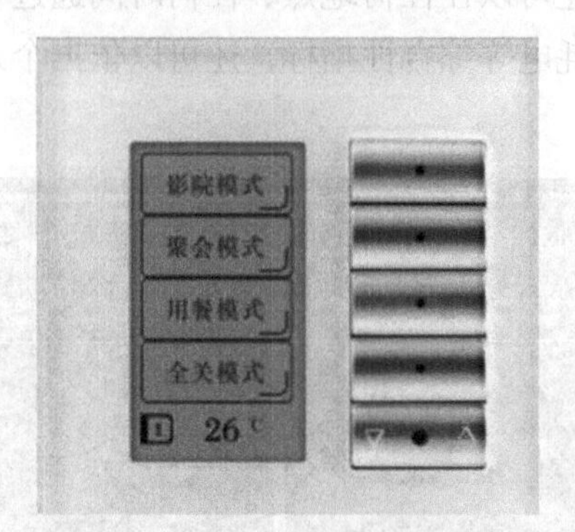

图 3-14　手机 App 中各种场景模式

体验 3：室内智能调温

例如，在回家前体验者通过手机 App 远程发出指令让空调打开进入到制冷模式，手机 App 的界面如图 3-15 所示。同时，空调也在记录着开关机时间、用电量、温湿度等数据，回传到体验者的手机上，如图 3-16 所示。利用这些环境数据，体验者可以设置很多智能联动，比如：温度大于 30℃时，自动开启空调制冷；光照强度超过 1000lx 时，智能窗帘自动关闭；烟雾传感器异常时，自动触发报警灯，并给自己拨打电话。体验者可以逐一尝试这些智能联动功能。

图 3-15　空调控制 App 界面

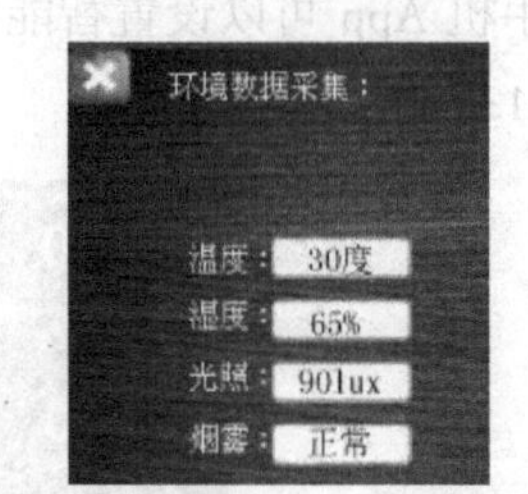

图 3-16　手机软件上显示的环境数据

4. 智能窗帘

体验 1：手机 App 控制窗帘

睡觉时间到了，体验者可以通过 App 把窗帘拉上。智能窗帘可以通过体验者手中的遥控器完成开合工作，3 个按钮分别代表着打开、关闭、停止。按下“打开”按键，窗帘自动打开，在打开的过程中可以按下“停止”按键停止窗帘继续打开。同样如果晚上回家时，需要拉上窗帘，直接按下“关闭”键，窗帘会根据实际距离自动调整，待完全伸展开后自动停止。体验环境如图 3-17 所示。

图 3-17　智能窗帘和控制界面

智能窗帘最重要的是远程控制。智能窗帘的远程控制却是传统自动化的窗帘所不能实现的。智能窗帘可以与智能手机、平板电脑等智能移动终端设备相连，支持我们利用手机或平板电脑远程控制，也就是说，无论我们在何时何地，都可能通过移动终端设备对窗帘进行开关。这对于想通风忘记拉开窗帘或突遇极端天气想拉上窗帘的情况无疑是绝佳的解决方法。

其次是双向通信、实时反馈。双向通信、实时反馈是什么意思？它到底又能实现怎样的效果？很多人可能都不太明白。事实上，很简单，说白了就是在本地操作窗帘，操作状态能够及时反馈到移动终端设备上，而利用移动终端设备操作时，窗帘也会及时地响应操作。那么它的用处又在哪里呢？这个功能的作用在于如果我们不确定家中窗帘是否开关的话，无需我们亲身火急火燎地回家探个究竟，只需要打开移动终端设备查看状态即可。

体验者可以对智能窗帘的远程控制和双向通信功能进行尝试。

体验 2：光感控制窗帘

只要在图 3-18 所示手机界面中设置好智能窗帘开启的光照强度值，这样清晨卧室的窗帘会随着太阳的升起自动打开，到了中午强光时自动关上窗帘，到了傍晚窗帘又会自动关闭，这样就不需要每天烦琐地开关窗帘。另外，智能窗帘的联动功能允许我们将其与其他设备建立联动关系，实现触发控制。如将其与窗户控制器绑定，当我们关上窗户后，窗帘可以实现自动缓缓拉上。

体验者可以设置好相关的参数，通过对实训室的光线控制影响样板间的光照状态，模拟出清晨、中午和傍晚，其间不断观察样板间窗帘的运动情况。

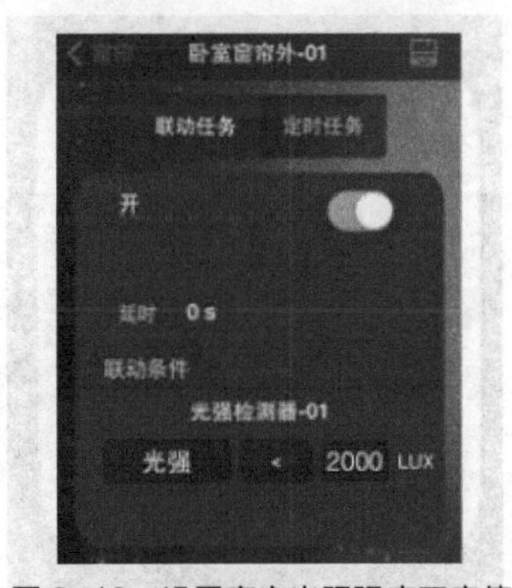

图 3-18　设置窗帘光照强度开启值

体验 3：定时控制窗帘

智能窗帘还可以使我们的生活更简单一些。当我们早晨起床时，窗帘能够自动打开；而当晚上我们上床睡觉时，窗帘又自动地关上。这种效果如何做到？传统的窗帘肯定是束手无策，但对于物联无线自动窗帘都不是个事儿，它的定时功能就能实现这一效果。体验者只需要在图 3-19 所示的手机 App 上按照自己起床和睡觉的时间（测试时可自定义几个关键时间）给它进行定时，到点时窗帘便能准时完成“任务”。

图 3-19　可设定窗帘自动开关的时间

任务 2　体验智能插座

应用情景：小董家里的热水器是以前的老设备，不支持网络接入，无法远程控制，电热水器又会经常忘记关掉，24 小时开着，能源浪费严重。于是小董从网上买了一个智能插座，可以远程控制开关也可以定时开关，立马解决了这个难题，受到了父母的表扬。

智能插座介绍：通常内置 Wi-Fi 模块，通过智能手机的客户端来进行功能操作的插座，最基本的功能是通过手机客户端遥控插座通断电流，设定插座的定时开关。图 3-20 是智能插座的正面图片，正面是三叉、两叉混搭式，在叉孔的上面有一个指示灯，用于反映工作状态。通过图 3-21 智能插座顶部的图片可以看到这款智能插座有开关按键和 USB 接口，可以为手机充电。通过阅读说明书还发现这款智能插座的最大负载为 10A/2200W，也就是说像空调等大功率电器是无法配合该智能插座使用的。

图 3-20　智能插座正面

图 3-21　智能插座顶部

尝试智能插座功能：体验者将智能插座接入家庭常用插座中，在手机上下载相关 App，并按照指示步骤搜索并连接，当指示灯呈蓝色长亮状态时，表示连接成功。App 的界面也非常简洁，登录后所呈现的界面如图 3-22 所示。我们可以很直观地看到 220V 插口和 USB 插口的控制按钮，以及接通电源的时间。体验者要打开或关闭电源，只需要在图 3-23 所示手机界面上点击相应的图标即可，220V 插口和 USB 插口都是可以通过手机 App 来独立控制。定时开关电源，与手机闹钟类似，通过预先设定，既可以按计划每天定点执行，也可以指定每周的某天执行，如图 3-24 所示，非常方便且人性化。体验者可以在插座上接入某一处于开启状态的电器，然后预先设定一个可控的时间开启电源，比如 14：20，观察到达这个时间点时的电器运行状态。

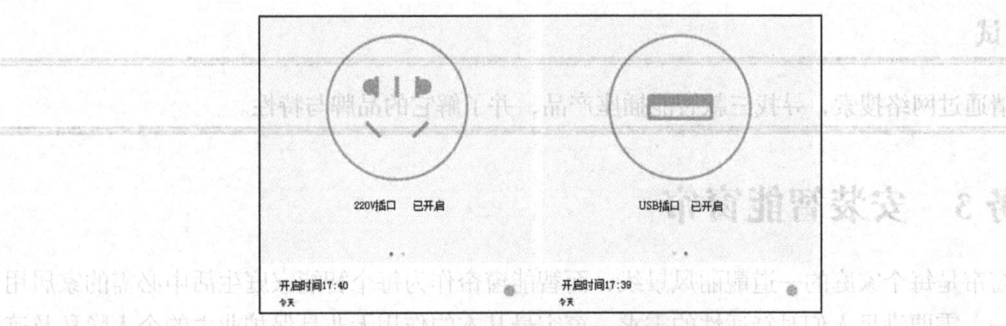

图 3-22　220V 插口和 USB 插口都已开启

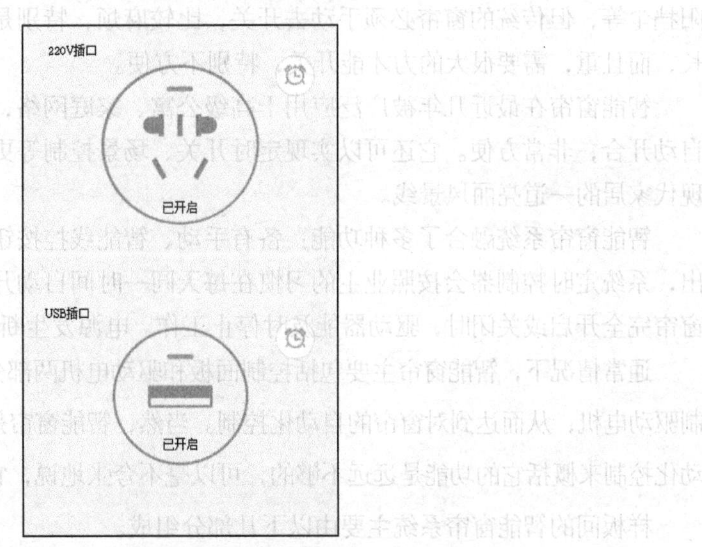

图 3-23　点击图标就可以开关插口

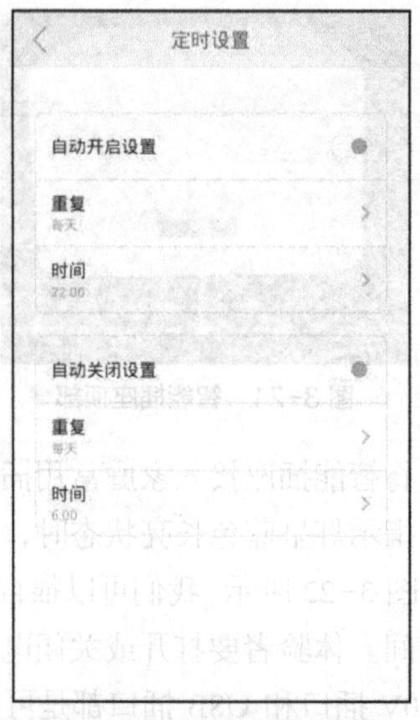

图 3-24　可以定时开关插口

自从有了智能插座，小董可以让家里的热水器、加湿器、饮水机等通电即可工作的设备，提前和定时工作，以节省电量；夜里给手机充电时可延时关闭充电器防止过充，杜绝了出门忘关电器的现象，生活更加便捷。

试一试

请通过网络搜索，寻找三款智能插座产品，并了解它的品牌与特性。

任务 3　安装智能窗帘

窗帘是每个家庭的一道靓丽风景线，而智能窗帘作为每个智能家庭生活中必需的家居用品之一，需要满足人们对舒适性的需求。窗帘最基本的作用无非是保护业主的个人隐私及遮阳挡尘等，但传统的窗帘必须手动去开关，比较麻烦，特别是别墅或复式房的大窗帘，比较长，而且重，需要很大的力才能开关，特别不方便。

智能窗帘在最近几年被广泛应用于高级公寓、家庭网络，只要遥控器轻按一下，窗帘就自动开合，非常方便。它还可以实现定时开关、场景控制等更多控制功能，真正让窗帘成为现代家居的一道亮丽风景线。

智能窗帘系统融合了多种功能：备有手动、智能线控按钮、遥控器及定时器。如业主外出，系统定时控制器会按照业主的习惯在每天同一时间自动开启及关闭窗帘，确保安全。当窗帘完全开启或关闭时，驱动器能及时停止工作。电源发生断电时，可手动开启及关闭系统。

通常情况下，智能窗帘主要包括控制面板和驱动电机两部分，主要原理是通过控制面板控制驱动电机，从而达到对窗帘的自动化控制。当然，智能窗帘是一种智能设备，单单以实现自动化控制来概括它的功能是远远不够的，可以毫不夸张地说，它的功能超乎我们的想象。

样板间的智能窗帘系统主要由以下几部分组成。

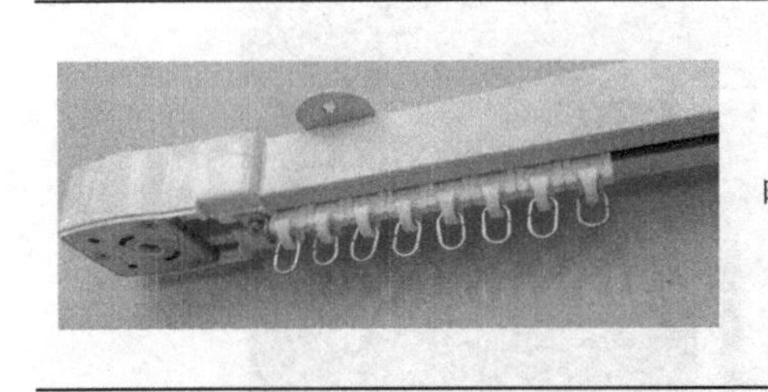	电动窗帘轨道	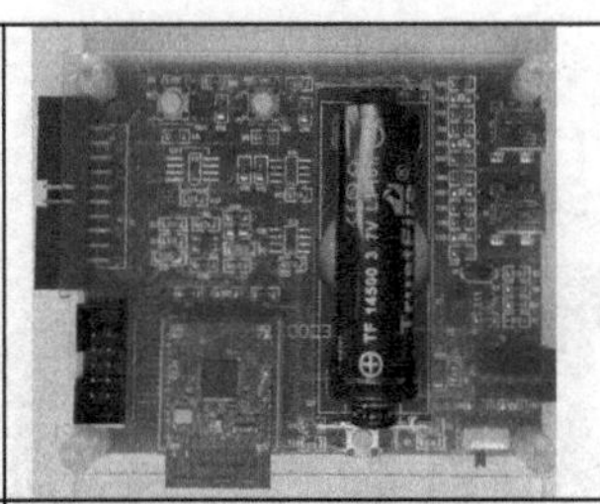	无线 zigbee 模块
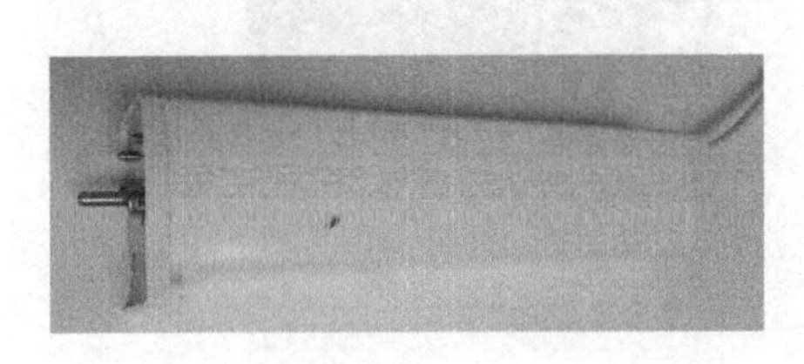	智能窗帘电机		继电器控制模块

操作步骤如下。

步骤 1：在需要安装窗帘的顶板上测量好固定孔距，与所需安装轨道的尺寸。用自攻螺丝将轨道安装到顶板之上。

步骤 2：将电机安装到窗帘轨道上，对准位置安上电机，再按锁扣拨到右边即可，如图 3-25 所示。

图 3-25 安装电机

步骤 3：智能窗帘的控制系统的连接，按要求将“无线 zigbee 模块”和“继电器控制模块”相连，如图 3-26 所示。

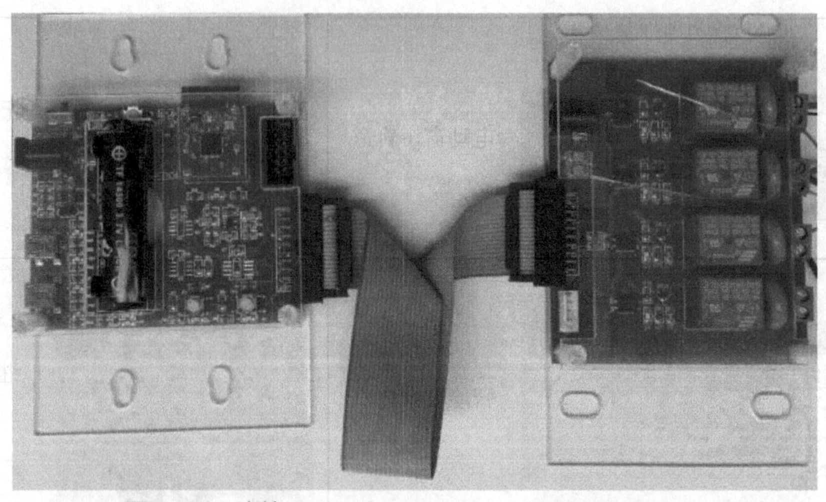

图 3-26　连接“无线 zigbee 模块”和“继电器控制模块”

步骤 4：将继电器控制模块按图 3-27 所示线序连接到电机上，分别控制电机的开、合和停。完成后如图 3-28 所示。

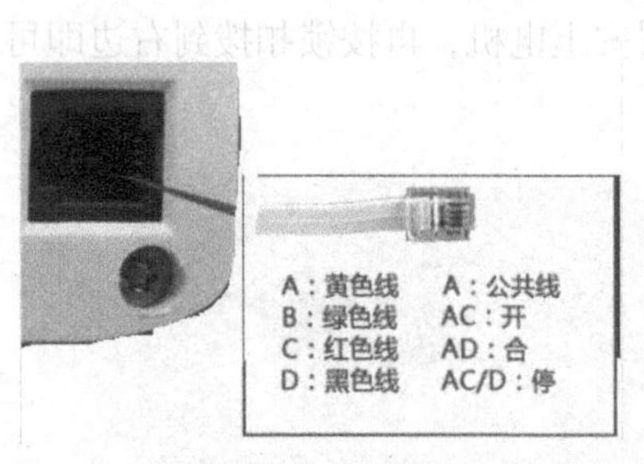

图 3-27　控制线

图 3-28　连接电机与继电器

将电机接上电源，智能窗帘就安装完毕了，如图 3-29 所示。最后，对安装好的智能窗帘进行功能测试。

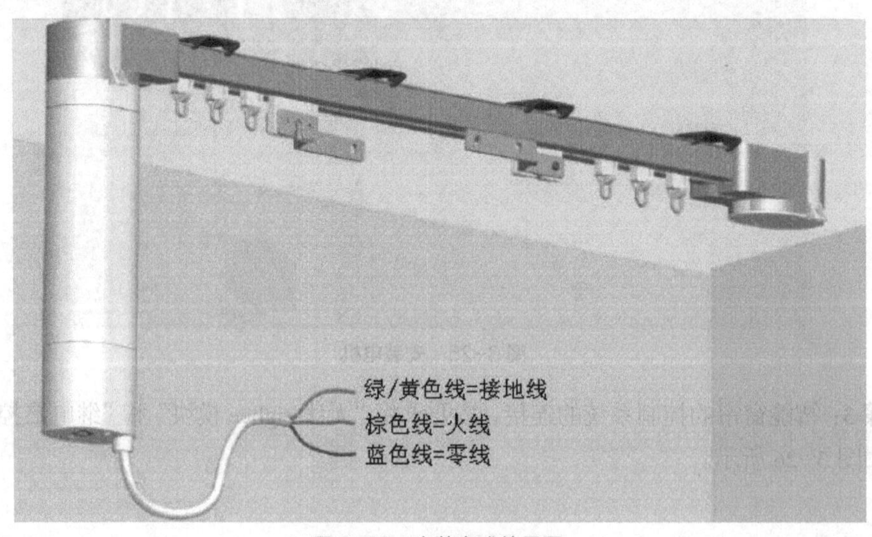

图 3-29　安装完成效果图

扩展知识：智能家居的诞生与特点

1. 智能家居的诞生

智能家居的概念起源甚早，但一直未有具体的建筑案例出现，直到 1984 年美国联合科技公司将建筑设备信息化、整合化概念应用于美国康乃迪克州哈特佛市的 City Place Building（城市广场）时，才出现了首栋的“智能型建筑”，从此揭开了全世界争相建造智能家居的序幕。

最著名的智能家居要算比尔·盖茨的豪宅，如图 3-30 所示。比尔·盖茨在他的《未来之路》一书中以很大篇幅描绘他正在华盛顿湖建造的私人豪宅。他描绘他的住宅是“由硅片和软件建成的”，并且要“采纳不断变化的尖端技术”。经过 7 年的建设，1997 年比尔·盖茨的豪宅终于建成，他的这个豪宅完全按照智能住宅的概念建造，不仅具备高速上网的专线，所有的门窗、灯具、电器都能够通过计算机控制，而且有一个高性能的服务器作为管理整个系统的后台。

智能家居是计算机技术、网络技术、控制技术向传统家电产业渗透发展的必然结果。由社会背景之层面来看，近年来信息化的高速发展，通信的自由化与高层次化、业务量的急速增加与人类对工作环境的安全性、舒适性、效率性要求的提高，造成家居智能化的需求大为增加。此外在科学技术方面，由于计算机控制技术的发展与电子信息通信技术之成长，也促成了智能家居的诞生。

图 3-30 比尔·盖茨智能豪宅

2. 什么是智能家居

利用物联网先进的感知、通信和控制技术，不但可以实现家用电器的智能化，还可以实现居住环境的智慧化，即所谓的智能家居，或称智能住宅，在英文中常用 Smart Home、Intelligent Home，与此含义相近的还有家庭自动化（Home Automation）、电子家庭（Electronic Home、E-home）、数字家园（Digital Family）、网络家居（Network Home），智能建筑（Intelligent Building）。智能家居是以住宅为核心，以物联网技术为支撑，通过全面透彻的感知，构建高效的住宅设施与家庭日程事务管理应用服务系统，提升家居安全性、便利性、舒适性、艺术性，并实现节能环保的居住环境。

智能家居是在家庭产品自动化、智能化的基础上，通过网络按拟人化的要求而实现的。智能家居可以定义为一个过程或者一个系统，利用先进的计算机技术、网络通信技术、综合布线技术，将与家居生活有关的各种子系统，有机地结合在一起。与普通家居相比，由原来的被动静止结构转变为具有能动智能的工具，提供全方位的讯息交换功能，帮助家庭与外部保持讯息交流畅通，如图 3-31 所示。

图 3-31　智能家居系统

智能家居强调人的主观能动性，要求重视人与居住环境的协调，能够随心所欲地控制室内居住环境。因此，具有相当于住宅神经的家庭网络、能够通过这种网络提供的各种服务、能与 Internet 相连接是构成智能化家居的 3 个基本条件。

3．智能家居的特点

"科技改变生活"，智能家居作为一种更方便、更舒适的生活方式进入我们的视野，给我们的家庭生活带来了深远影响，使我们能够体验到轻松、舒适的居住环境。

- 节省费用。在不需要时，能源消耗装置可以自动关闭。
- 使用方便。智能家居系统提供远程遥控接口，还可以把重复的工作自动化。业主外出时，可以通过 Internet 使用手机、平板电脑、PC 等来调整或控制家电。
- 安全性高。一套家庭智能化系统在紧急情况时可以防御坏人或报警。业主可以在任何地方监控该安全系统，这样可以保证家居安全。
- 改变生活方式。你可以是穿著 T 恤在家办公，可以在家炒股、进行远程会议，主妇在家购物，孩子在家上课……在互联网上能完成的工作都可以在家完成；你也可以在外面做一些家务活。智能化的生活工作方式较以往有了很大区别。

智能家居是以住宅为平台，以物联网技术为基础，兼备建筑、网络通信、信息家电、设备自动化，集系统、结构、服务、管理为一体的高效、舒适、安全、便利、环保的居住环境。在生活、工作节奏越来越快的今天，家居智能化可以为人们减少烦琐家务、提高效率、节约时间，让人们有更多的时间去休息、教育子女、锻炼身体和进修，使人们的生活质量有了很大的提高。

扩展阅读

1. 物联智能家居（爱奇艺-视频） http://www.iqiyi.com/w_19rsjqnlyh.html#curid=2258728409_c52a84f94b198c96acbbb2e204713e4a	
2. Wi-Fi 智能插座（爆米花网-视频） http://www.21ic.com/news/control/201108/92199.htm	
3. 走进比尔盖茨的高智能豪宅（腾讯网-文章） http://luxury.qq.com/a/20091208/000012_2.htm	
4. 中国智能家居网（网站） http://www.smarthomecn.com/	

项目小结

通过该项目实施，小董同学体验了智能家居的具体应用，包括利用手机端软件打开家庭住房的门，控制家中的各种智能设备，如灯光、空调、窗帘等。在体验过程中了解了烟雾传感器、红外线传感器、门磁传感器等物联网感知层传感设备，在动手实践过程中对智能插座进行认知和设置，使之可以远程控制老式的各类电器，并动手安装了智能窗帘，了解了智能窗帘的组成，进一步加深物联网的三层体系结构的了解。

PART 2

项目二 感受智能农业应用

项目目标

能够了解智能农业系统工作模式；能知道智慧农业系统的优点；能够利用“智能大棚实训设备”完成基于物联网技术的智能农业、智能控制真实应用系统场景模拟操作。

项目实施

晓东到他舅舅家的农场里玩，发现现在的农场发生了大变样，农民不再用迎着当头的太阳，挥汗如雨，用原始的工具为禾苗松土、除草，挖沟挖河，扬场垛垛，犁地播种，辛苦劳作后获取果实。舅舅坐在智能终端前，只要点点手指，就能控制整个基地的种植湿度、光照等生产要素，实现替农作物“解渴”“降温”“晒日光浴”等操作。

任务1　体验智能农业应用

晓东来到舅舅的房间里发现，舅舅坐在智能终端面前就可以通过摄像头看到蔬菜大棚里的实时画面和各类数据。舅舅的农场采用了先进的温室大棚种植技术，可以在阳光不足的时候，通过物联产品自动补充人造光线，促进光合作用；可以在湿度不够的时候，通过物联产品自动为农作物补充水份；更可以创造一个恒温的空间，让农作物一年四季不停地生长，生生不息。

晓东的舅舅带着晓东来到蔬菜大棚前，简单地介绍了智能功能的架构，如图 3-32 所示。部署在农业生产现场的各种传感器节点（环境温湿度、土壤水分、二氧化碳、视频等）和无线通信网络实现农业生产环境的智能感知、智能预警、智能决策、智能分析、专家在线指导，为农业生产提供精准化种植、可视化管理、智能化决策。

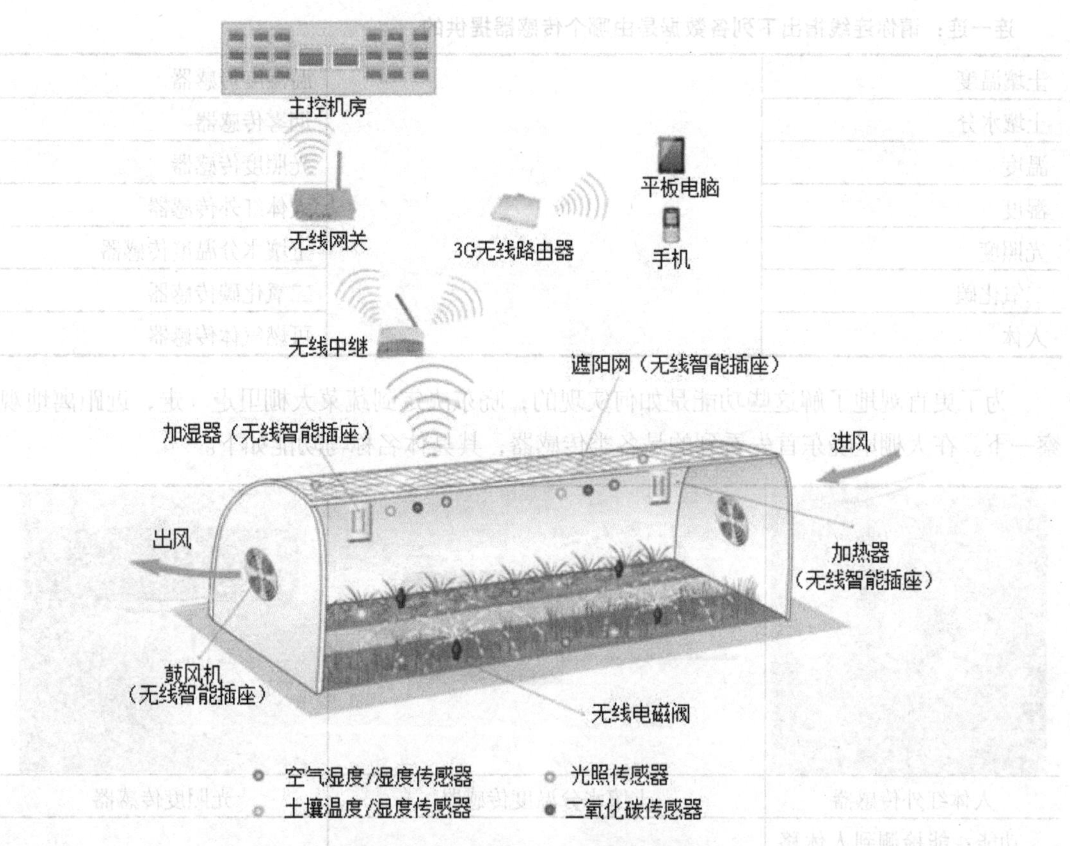

图 3-32 智能农业系统整体架构图

1. 采集大棚数据

图 3-33 是采集到的大棚数据。

图 3-33 蔬菜大棚里的各类数据

连一连：请你连线指出下列各数据是由哪个传感器提供的。

土壤温度		温湿度传感器
土壤水分		烟雾传感器
温度		光照度传感器
湿度		人体红外传感器
光照度		土壤水分温度传感器
二氧化碳		二氧化碳传感器
人体		可燃气体传感器

为了更直观地了解这些功能是如何实现的，晓东决定到蔬菜大棚里走一走，近距离地观察一下。在大棚里晓东首先看到的是各类传感器，其具体名称与功能如下。

		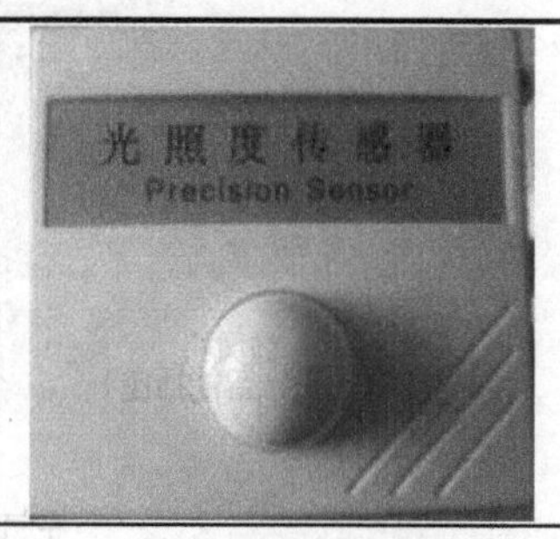
人体红外传感器	土壤水分温度传感器	光照度传感器
功能：能检测到人体移动，当行人进入其感应范围时自动开启负载，离开后自动延时关闭	功能：由不锈钢探针和防水探头构成，可长期埋设于土壤内使用，对表层和深层土壤进行墒情的定点监测和在线测量	功能：通过传感器将可见光频段光谱吸收后转换成电信号，从而实现不同光强度的测量
	 	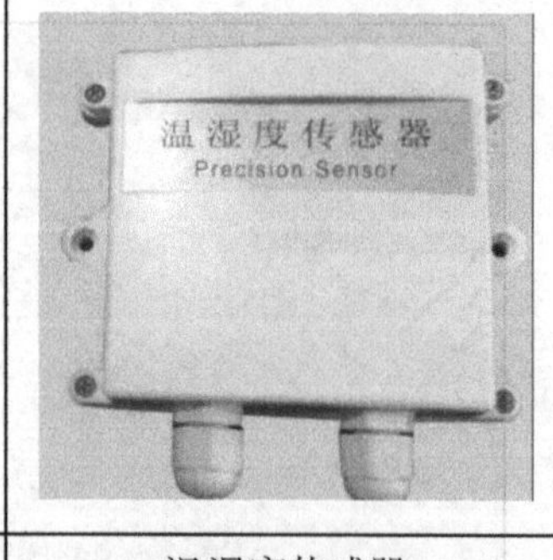
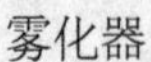雾化器	二氧化碳传感器	温湿度传感器
功能：用于给空气加湿的设备，可以达到局部环境湿润降温的效果	功能：用于各类环境中的二氧化碳量测量	功能：将温度量和湿度量转换成容易被测量处理的电信号的设备或装置

这些传感器采集的数据通过运营商无线网络传输到中心平台进行数据分析、数据关联，舅舅不仅可以看到数据，还可以请农业专家通过视频图像判断蔬菜生长情况，检查是否有病虫害、大棚的温湿度是否合适，并可结合土壤酸碱度等信息，对舅舅进行相应指导。

2．远程控制

晓东正在好奇地看着，突然智能终端前的警报响起来，舅舅一看，说是蔬菜大棚里的二氧化碳超标了，用手点击了一下"排风"，只见大棚里的风扇被开启，没多久二氧化碳的数据就降到了正常的水平。舅舅解释蔬菜大棚里正常的二氧化碳浓度一般为 1 000～1 500ppm，二氧化碳浓度是影响蔬菜产量的重要因素。在大棚中安装二氧化碳传感器可以保证在二氧化碳浓度不足或超标的情况下及时报警，从而使用气肥或打开排风，保证蔬菜提早上市、高质高产。在以前这是不可控制的，现在看看屏幕上的数据再动动手指点击对应设备图标，就可以控制这些设置开启相应功能，省去经常往大棚跑的麻烦。

设备	名称	功能
（左）	加热灯	增加温度
（右）	照明灯	模拟光照
	加湿器	增加湿度
	排风	通风

3．自动调节

智能大棚系统得到环境数据后，自动与设定的指标阈值进行比对，当超出正常范围时，自动启动相关设备进行现场操作。如图 3-34、图 3-35 所示。例如，当大棚内温度过高时，自动启动排风设备对大棚进行降温；当土壤湿度过低时，自动开启灌溉设备对作物进行灌溉。自动化控制可以为作物提供最"舒适"和最稳定的生长环境，帮农场提高产量、减少人力、形成标准流程，方便总结和传播生产经验。

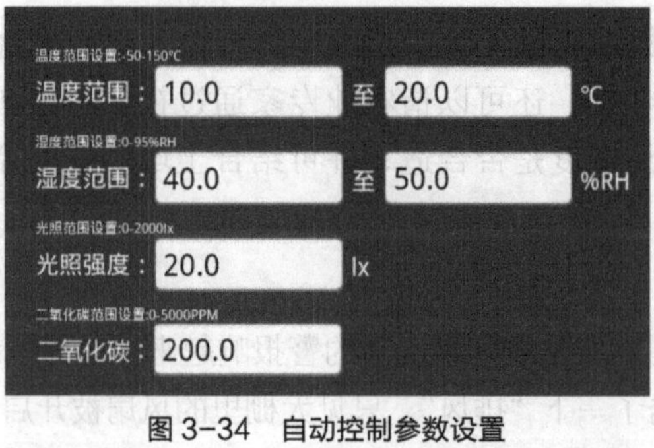
温度范围设置:-50-150℃
温度范围： 10.0 至 20.0 ℃
湿度范围设置:0-95%RH
湿度范围： 40.0 至 50.0 %RH
光照范围设置:0-2000lx
光照强度： 20.0 lx
二氧化碳范围设置:0-5000PPM
二氧化碳： 200.0

图 3-34 自动控制参数设置

传感器名称	当前值	上限值	下限值	值状态
光照强度传感器	7.01	300	0	正常
空气二氧化碳传感器	4430.45	600	400	上限异常
空气湿度传感器	82.35	65	40	下限异常
空气温度传感器	19.55	33	20	下限异常
土壤 PH 值传感器	7.10	7.2	5.9	正常
土壤湿度传感器	1.84	50	0	正常
土壤温度传感器	18.82	30	13	正常

图 3-35 超过阈值自动报警

任务 2 实现水产养殖场水温自动控制功能

影响水产养殖环境的关键参数就是水温、光照、溶氧量，氨氮含量，硫化物含量、亚硝酸盐含量、pH 值等，但这些关键因素既看不见又摸不着很难准确把握。现有的水产管理是以养殖经验为指导，也就是一种普遍的养殖规律，很难做到准确可靠，产量难以得到保障。随着养殖业的不断发展，市场调节失控，竞争越来越激烈，掌握准确可靠的养殖数据，科学养殖，提高产量与品质，势在必行。

打开水产养殖场智能管理系统，如图 3-36 所示，主界面上呈现的水温、水位、气压等参数，它们是通过水箱里的传感器得到的，再点击“历史数据”菜单查看以前水温变化的曲线图，了解养殖场的总体环境状况，如图 3-37 所示。

16:04
水文监测
传感数据
水温： 23 ℃
气压： 760 KPa
水位： 3.2 M
历史数据

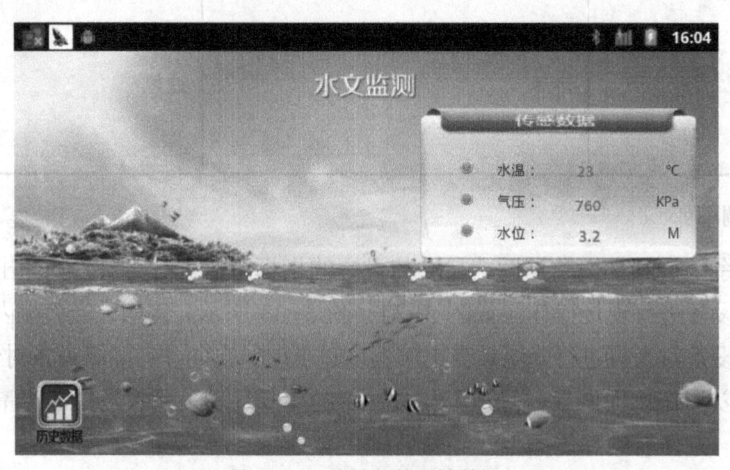

图 3-36 水池里的环境数据

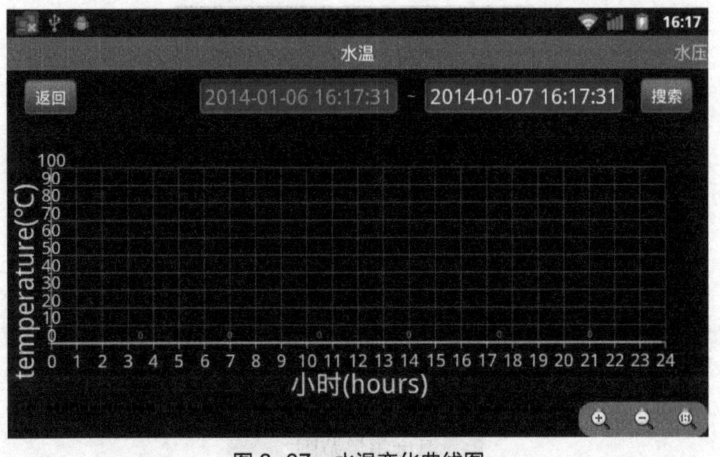

图 3-37　水温变化曲线图

可以根据水箱里养殖的对象所适应的温度范围设定控制范围，计算机通过温度传感器实时将池箱内的水温读取到软件分析系统中，设置某一温度范围值，体验者可以给水加温，比如添加热水来提高温度，当超出阈值时，系统将会报警。再动手启动其联动功能，当水箱温度过高时自动驱动大风扇通电，给水箱内的水降温；但水箱温度过低时，自动驱动加热棒通电，给水箱内的水加热。如图 3-38、图 3-39 所示。

设备	名称	功能
	加热棒	增加水温
	液位变送器	应用于水产的液位测量与控制
	增氧机	增加水的含氧量

设备控制

池塘　池塘1

设备名称	网络状态	运行状态
1# 加热棒 控制模式:远程		停止 8月27日 9时53分
2# 加热棒 控制模式:远程		运行 8月27日 10时32分
1# 排风扇 控制模式:远程		运行 8月27日 10时32分
2# 排风扇 控制模式:远程		停止 8月27日 10时1分

图 3-38　远程控制系统

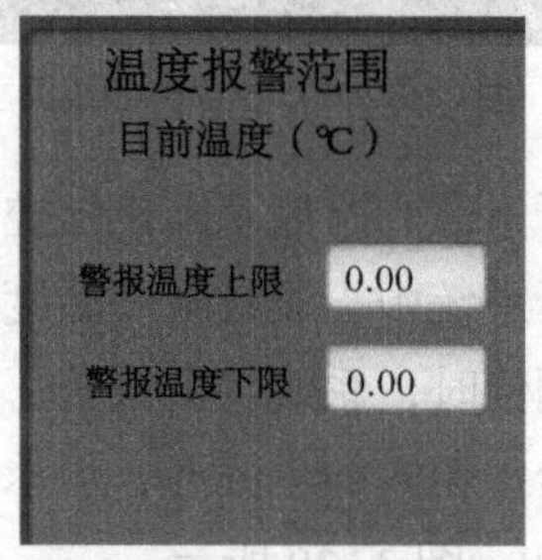

图 3-39　水温报警范围

除温度外系统还可以根据所养殖的对象所适应溶解氧范围设定溶氧的控制范围，计算机通过溶氧传感器采集的数据，在设定溶氧的控制范围内控制芯片自动开启关闭增氧机，合理使用配置增氧机，即节约用电，减少机械磨损，又做到以最小的投入换取最大的效率；系统可根据溶氧变化范围分析鱼虾的发病规律，及时发布病情预告，防止病情的发生；根据溶氧的变化分析水质的恶化程度，及时采取措施处理，如排污、换水、投加增氧机、消化菌等。

系统特点如下。

- 监测功能强：多种水质参数实时监测，比如水溶氧浓度、水温等。
- 监测效果好：相比手工监测，自动化监测更及时和准确。
- 建设和营运成本低：由于采用无线通信网络，只需安装好远程监测终端就可以对养殖水域做 24 小时不间断的自动监测；不需要布设任何通信线路。前期投资少、见效快，后期升级、维护成本低。日常费用主要是无线通信费用。
- 使用方便：灵活的数据传输与报警选择，可以传送到监测中心或家中；监控软件友好的用户界面，便于长期监测数据分析与决策。

水产养殖环境智能监控管理系统可充分地利用计算机及工业控制原理将水产养殖业纳入系统的科学的管理之中，及时地监控、调节水产养殖的各种环境参数，极大地减少养殖人员精力的投入，并能通过对历史数据的分析，实时预测各种病情的发生，实现以较少的投入，获得较大的效益。

试一试：

能不能从网上找到相应的设备将家中的水族箱改造成智能水族箱。

知识拓展：智能农业应用

1．什么是智能农业

所谓智能农业，就是充分应用现代信息技术成果，集成应用计算机与网络技术、物联网技术、音视频技术、3S 技术、无线通信技术及专家智慧与知识，实现农业可视化远程诊断、远程控制、灾害预警等职能管理。智能农业产品通过实时采集温室内温度、土壤温度、CO_2浓度、湿度信号及光照、叶面湿度、露点温度等环境参数，自动开启或者关闭指定设备；可以根据用户需求，随时进行处理，为设施农业综合生态信息自动监测、对环境进行自动控制和智能化管理提供科学依据；通过模块采集温度传感器等信号，经由无线信号收发模块传输数据，实现对大棚温湿度的远程控制。如图 3-40 所示。智能农业还包括智能粮库系统，该系统通过将粮库内温湿度变化的感知与计算机或手机的连接进行实时观察，记录现场情况以保证粮库的温湿度平衡。

图 3-40　智能农业管理系统

智能农业是云计算、传感网、3S 等多种信息技术在农业中综合、全面的应用，实现更完备的信息化基础支撑、更透彻的农业信息感知、更集中的数据资源、更广泛的互联互通、更深入的智能控制、更贴心的公众服务，智能农业与现代生物技术、种植技术等高新技术融合于一体，对建设世界水平农业具有重要意义。

智能农业系统是通过在大棚内灵活部署的各类无线传感器和网络传输设备，对农作物温室内的温度、湿度、光照、土壤温度、土壤含水量、CO_2 浓度等与农作物生长密切相关环境参数进行实时采集，根据农作物生长需要进行实时智能决策，并自动开启或者关闭指定的环境调节设备，为农业生态信息自动监测、对设施进行自动控制和智能化管理提供科学依据和有效手段。

2．智能农业的主要内容

① 以开发利用智能专家系统为先导，对气候、土壤、水质等环境数据的分析研判，系统规划园区分布、合理选配农产品种，科学指导生态轮作。

② 基于物联网技术，通过各种无线传感器实时采集农业生产现场的光照、温度、湿度等参数及农产品的生长状况等信息，远程监控生产环境。将采集的参数和信息进行数字化转化后，实时传输网络平台进行汇总整合，利用农业专家智能系统按照农产品生长的各项指标要求，进行定时、定量、定位云计算处理，及时精确地遥控指定农业设备自动开启或者关闭（如远程控制节水浇灌、节能增氧、卷帘开关等），实现智能化、自动化的农业生产过程。

③ 通过在生产（加工）环节给农产品本身或货运包装中加装 RFID 电子标签，并在运输、仓储、销售等环节不断添加、更新信息，从而搭建有机农产品安全溯源系统。有机农产品安全溯源系统加强了农业生产、加工、运输到销售等全流程数据共享与透明管理，实现农产品全流程可追溯，提高了农业生产的管理效率，促进了农产品的品牌建设，提升了农产品的附加值。

3．智能农业系统组成

智能农业就是现代农业采用的物联网技术在农业上的应用，智能农业系统主要由前端数据采集设备、前端短程无线网络、农业数据管理中心、客户端四部分组成。如图 3-41 所示。

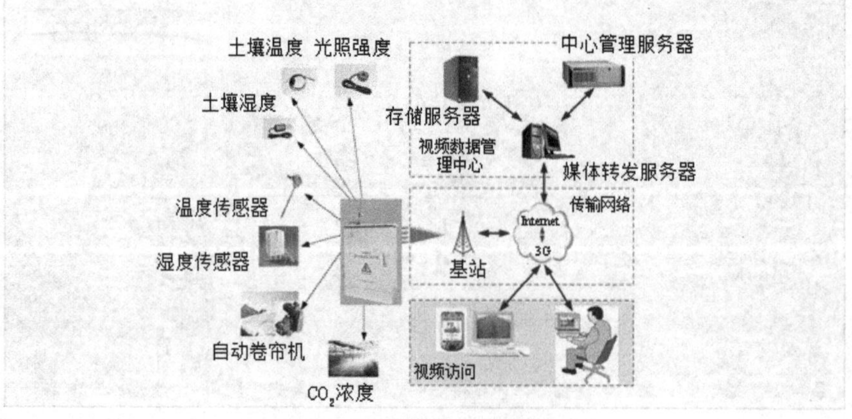

图 3-41　智能农业系统的组成

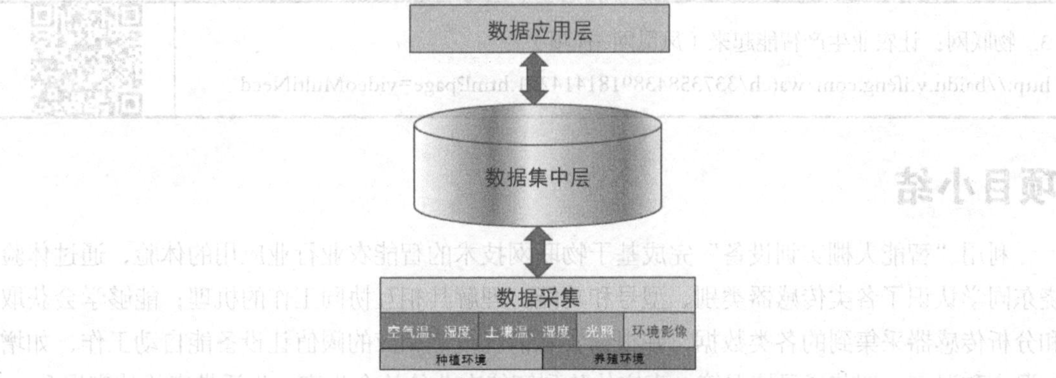

图 3-41 智能农业系统的组成（续）

① 前端采集设备。前端采集设备采用基于 Zigbee 无线通信技术的无线传感器设备，根据无线网络获取的植物生长环境信息，如监测土壤水分、土壤温度、智能农业控制系统空气温度、空气湿度、光照强度、植物养分含量等参数。其他参数也可以选配，如土壤中的 pH 值、电导率等。

② 前端短程无线网络。短程无线传输网络采用 Zigbee 无线传感网网关、路由器等设备进行信息收集，负责接收无线传感汇聚节点发来的数据、存储、显示和数据管理，并根据各类信息的反馈对农业园区进行自动灌溉、自动降温、自动卷模、自动进行液体肥料施肥、自动喷药等控制。

③ 农业数据管理中心。农业数据管理中心设在运营商数据机房或由用户指定的位置，通过运营商 3G 无线网络可以实时把远端生产场地的各项数据传输过来，并动态地把分析处理结果以直观的图表和曲线的方式显示给用户，供用户进行管理、决策。

④ 客户端。客户端分为两部分，一是农业专家远程数据诊断显示，二是农户自家中通过普通计算机上网浏览实时相关数据信息。

4．智能农业发展趋势预测

① 智能农业应用系统应用更加广泛。

在未来的农业生产中，智能农业系统的应用将更加广泛，农民看到了运用先进技术带来的效益，将主动选择适合自己农业生产的智能化系统，以提高农产品产量，增加收益。

② 数据处理系统更加精准化、智能化。

在未来的农业数据处理中，随着云计算技术的不断成熟，农业数据更加精准、安全、智能。农业数据处理系统会主动分析出当地最适合种植的品种及各品种的优劣，以供农民选择。

扩展阅读

1. 智能温室，现代农业发展新方向（搜狐–文章）
http://mt.sohu.com/20150720/n417138310.shtml

2. 生猪养殖智能管理解决方案（托普物联网–文章）
http://www.tpwlw.com/project/8.html

3. 物联网：让农业生产智能起来（凤凰网–视频）

http://baidu.v.ifeng.com/watch/3373584389181414201.html?page=videoMultiNeed

项目小结

利用“智能大棚实训设备”完成基于物联网技术的智能农业行业应用的体验，通过体验晓东同学认识了各类传感器类别、型号和功能，理解其相互协同工作的机理；能够学会获取和分析传感器采集到的各类数据，并根据实际情况设定相应的阈值让设备能自动工作，如增加温度和湿度、调节通风情况等，真实体验到智能农业给社会生产、生活带来的效率提升。

PART 3 项目三 感受智能医疗应用

项目目标

能够认识医疗实验箱中的传感器及其作用，能够完成医疗实验箱各传感器的组成和连接，并能够使用医疗实验箱完成体检并申请远程诊断。

项目实施

我国现有的健康行业规模还远远不能满足社会的需要，随着人口老龄化，随着人民群众生活水平提高，广大群众对健康服务的需求持续增长，这个问题将会更加突出。并且，国内医疗资源分布不均衡，大多集中在中心城市，农村和边远地区还比较薄弱，医疗保障的广度覆盖和深度优化急需借助新一代信息技术。随着物联网、云计算、移动互联网、智能终端、健康信息技术在医疗领域的普及与应用，智慧医疗及移动医疗作为国家战略规划的重要内容之一，在各级政府着力推动与产业各方的积极参与下，迎来了产业的高速发展。

不难发现，智慧医疗已在你的身边，比如网上问诊、网上挂号、远程监护、移动健康助理等。

现在让我们一起来手动操作，通过实践来感受智能医疗应用。

任务 1　体验远程健康监护应用

情景：晓东父母的身体不是很好，经常跑医院感觉非常麻烦。正好市二医拓展了远程健康监护项目，需要申购一套健康医疗终端，如图 3-42 所示，该终端通过网络连接市二医远程健康中心，从而获取医疗资源。医院远程健康中心能通过健康医疗终端获取病人的基本生理情况，如血压、脉博、心跳等生理指标，同时也可以通过网络平台和视频进行互相交流。医生通过远程获取的信息和交流的情况进行诊断，并适时调整治疗计划。

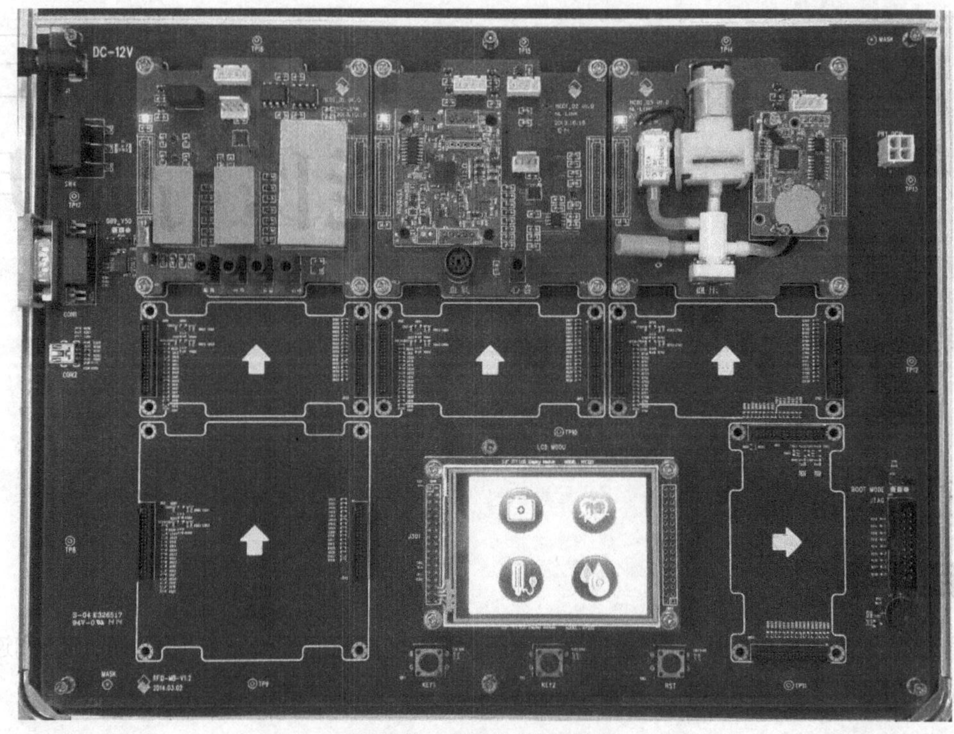

图 3-42　远程健康医疗终端

1．认识各种医疗传感器

（1）脉搏传感器

夹在手指上用于采集患者的脉搏数据，脉搏传感器外观如图 3-43 所示。

（2）呼吸传感器

腰带绑在腹部，用于采集患者的呼吸率数据，呼吸传感器外观如图 3-44 所示。

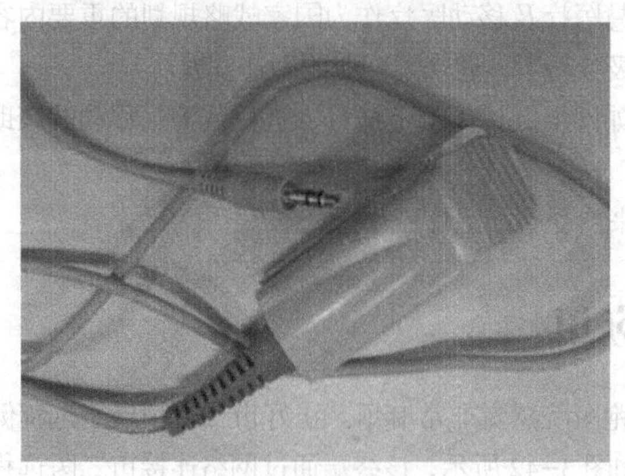

图 3-43　脉博传感器

图 3-44　呼吸传感器

（3）体温传感器

夹在腋窝下，用于采集患者的体温数据，体温传感器外观如图 3-45 所示。

（4）心电传感器

贴在左右胸及腹部，用于采集患者的心电数据，心电传感器外观如图 3-46 所示。

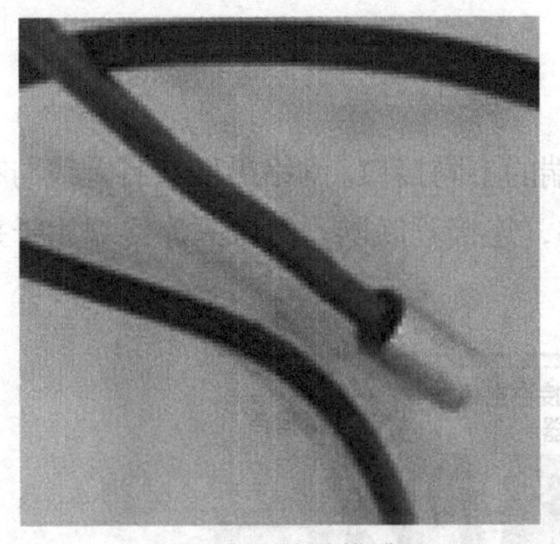
图 3-45　体温传感器

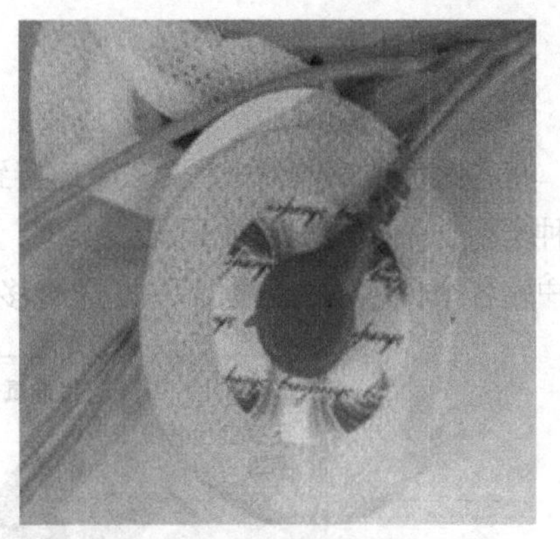
图 3-46　心电传感器

（5）血压传感器

绑在手臂上与心脏平齐，用于采集患者的血压数据，血压传感器外观如图 3-47 所示。

（6）心音传感器

贴在胸部中间,用于采集患者的心音数据,心音传感器外观如图 3-48 所示。

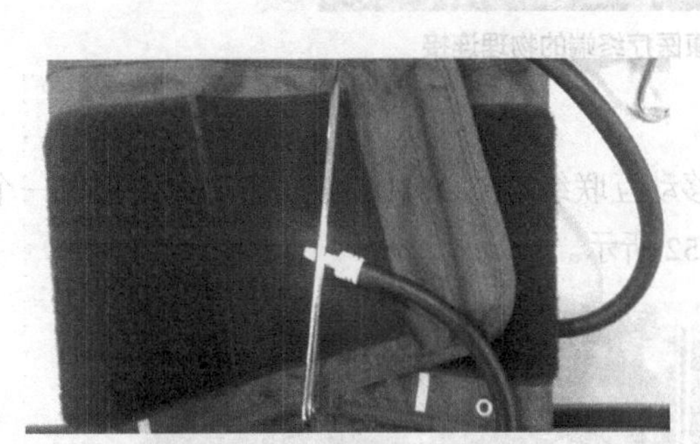
图 3-47　血压传感器

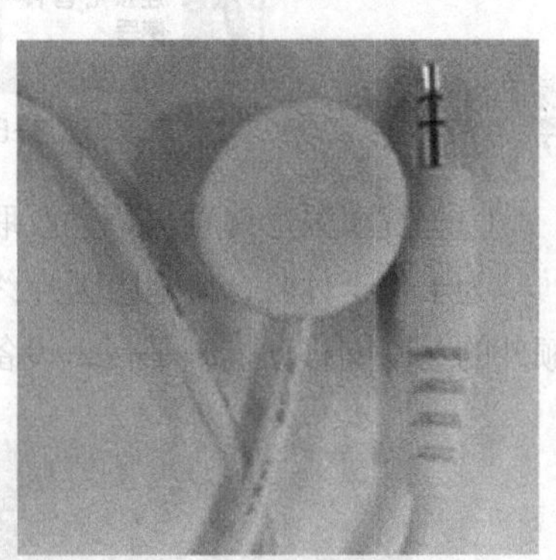
图 3-48　心音传感器

（7）血氧传感器

夹在手指上，用于采集患者的血氧数据，血氧传感器外观如图 3-49 所示。

（8）网络摄像头

旋转于患者对面，用于监控现场环境，网络传感器外观如图 3-50 所示。

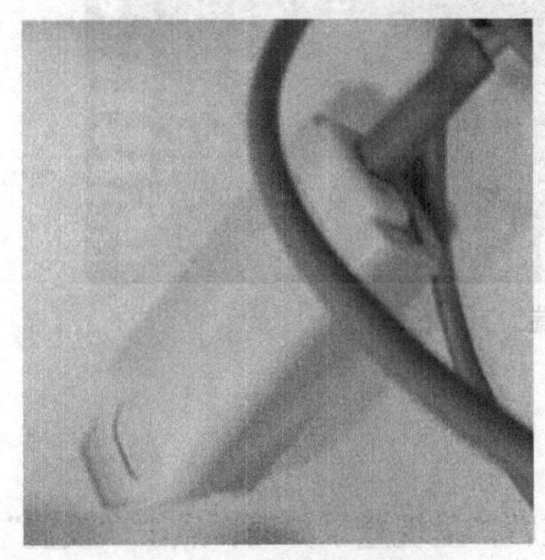
图 3-49　血氧传感器

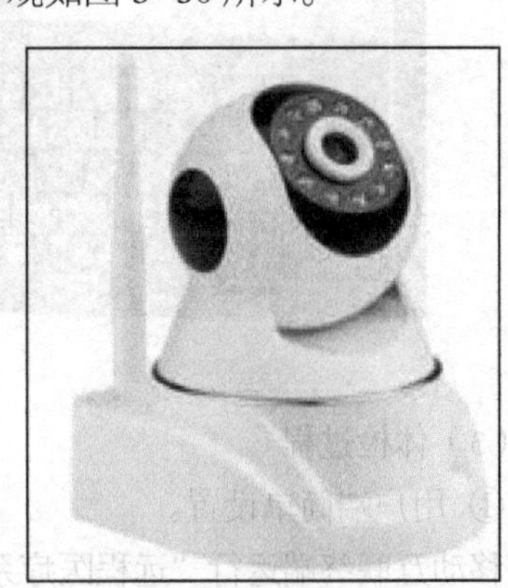
图 3-50　网络摄像头

2．物理连接

（1）传感器与健康医疗终端连接

将各医疗传感器对应图 3-51 连接到健康医疗终端的不同接口。网络摄像头有无线与有线两种类型，一般情况下使用无线类型，配置无线网络，连接互联网。健康医疗终端用于采集用户端各个传感器的数据，并发送给移动互联终端。

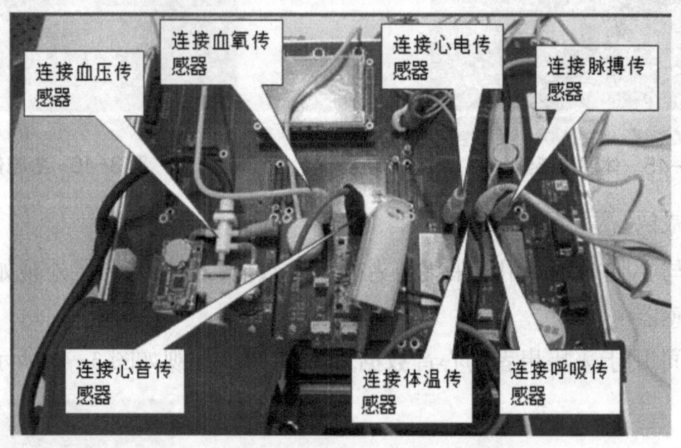

图 3-51　传感器与健康医疗终端的物理连接

（2）健康医疗终端与移动互联终端连接

为了便于体验，将健康医疗终端的串口与移动互联终端 COM1 相连，整个系统提供一个额外的互联网移动控制平台，设备外观如图 3-52 所示。

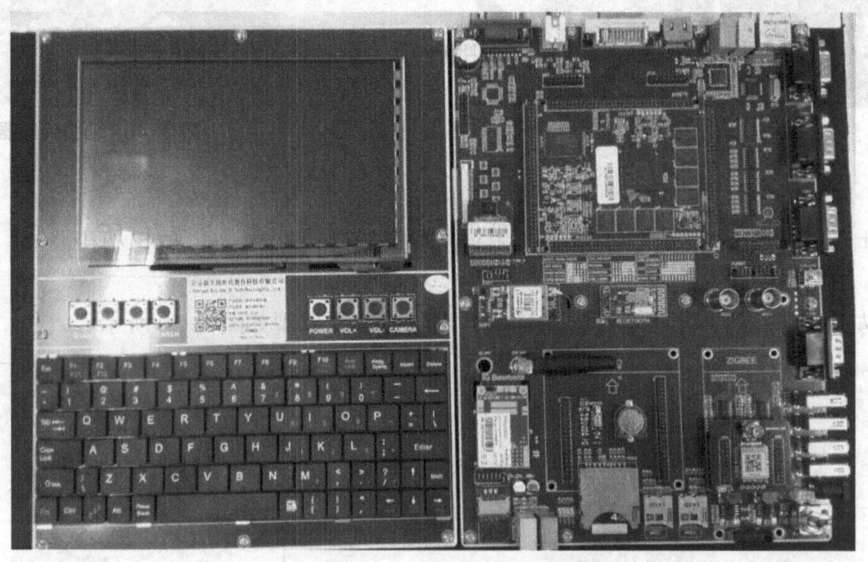

图 3-52　移动互联终端

（3）体检过程

① 用户端简单设置。

移动互联终端运行“远程医疗系统”，进入医疗系统后，呈现登录界面，点击“设置”，在“设置”界面中，根据移动互联终端连接的串口来选择对应的 COM，波特率默认为 115 200 Bd。

② 用户端与医生端登录。

将所有的传感器按要求都连接在用户身上后，打开移动互联终端里的“个人健康”App。点击进入个人健康系统，界面如图 3-53 所示。

图 3-53 远程健康医疗系统界面

在登录界面输入自己的姓名，点击登录即可进入体检用户界面，体检用户登录成功后，医生方可以在 PC 端打开浏览器输入自己的姓名登录医生界面进行操作。

③ 模拟体检过程。

当用户通过智能终端发起远程诊断请求后，PC 端的医生会收到请求，如图 3-54 所示。在医生端可以看到“患者等待体验中”字样，此时医生端可以发送一个检查请求，比如心电，用户端患者接受这个请求，此时客户端与医生端都会显示用户心电的情况。医生端再次发送脉搏检查请求，过程同上。以此类推，逐一进行检查。项目体检过程如图 3-55 所示。

图 3-54 用户发送体检请求

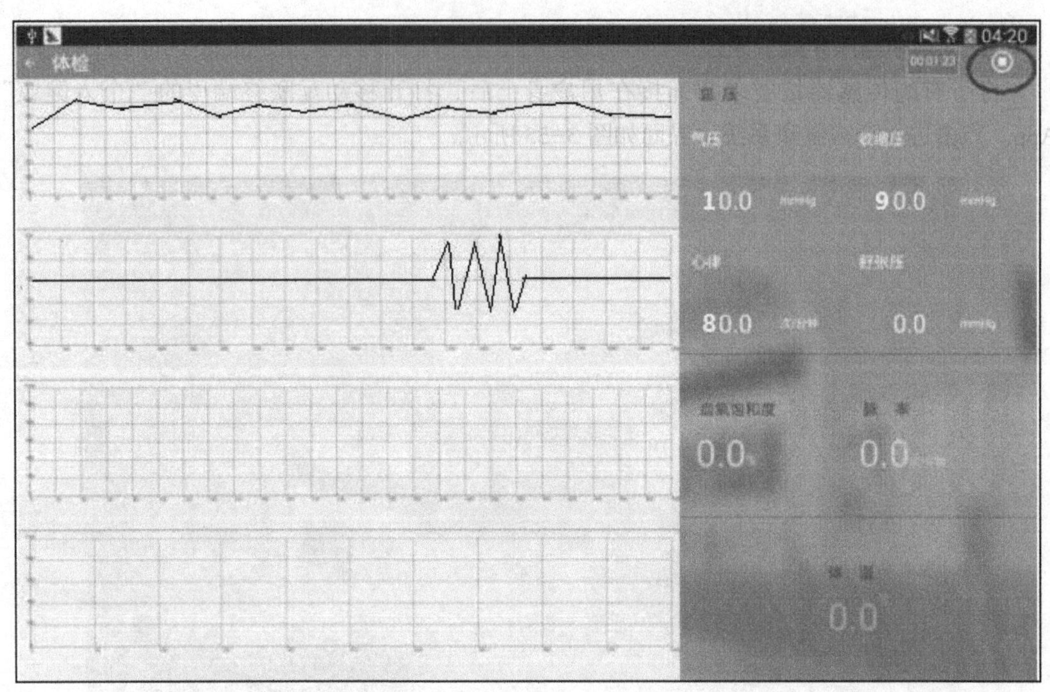

图 3-55　血压指导体检过程

当全部检查均完成后，医生端点击“检查结果”按钮，完成检查，并且会弹出体检结果输入框，医生输入完结果之后，点击“发送”，发送评语和检测结果，用户端（移动互联终端）立即收到检测评语与检测报告，如图 3-56 所示。

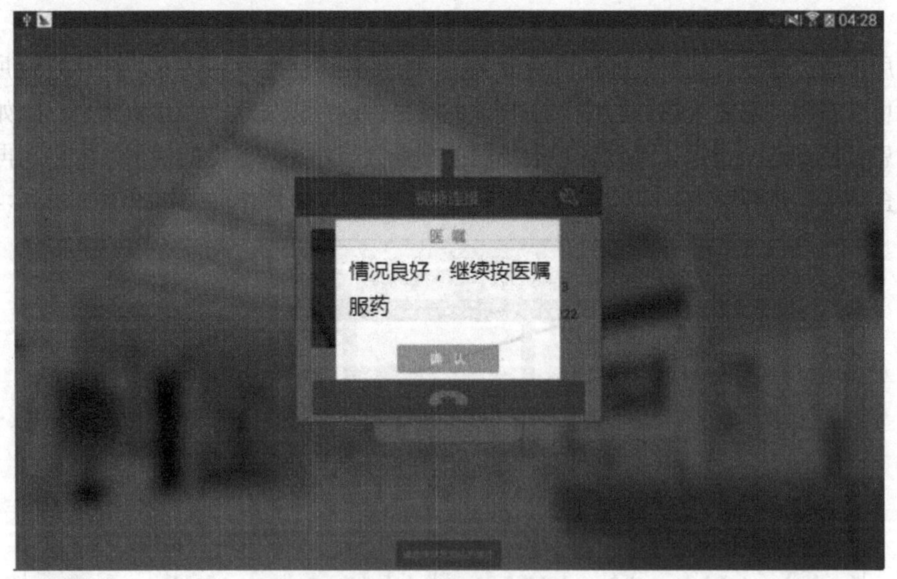

图 3-56　医疗诊断评语

④ 查看诊断记录。

点击医生头像右边的“诊断记录”按钮，可以打开全部的诊断记录查询界面，体检报告如图 3-57 所示。

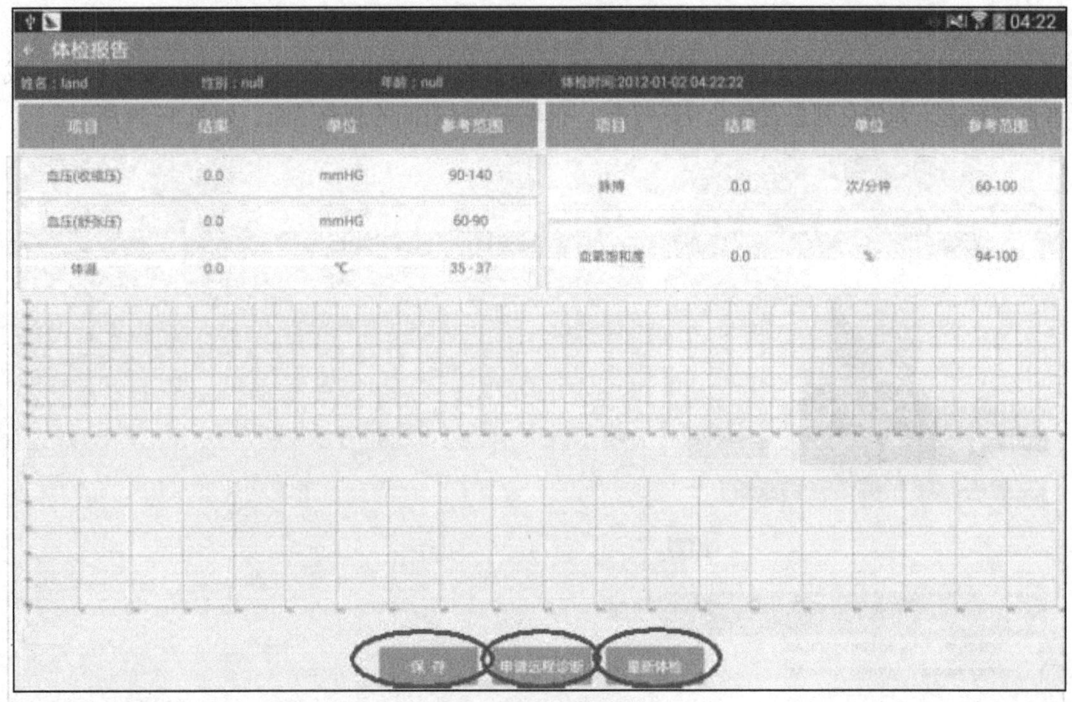

图 3-57 体检报告

点击记录对应行中的“下载”按钮，可以下载检测结果图片。

⑤ 为了方便患者找到自己，医生可以修改自己的各类信息，包括头像、年龄、性别、所属医院、科别、联系电话及联系地址，如图 3-58 所示。

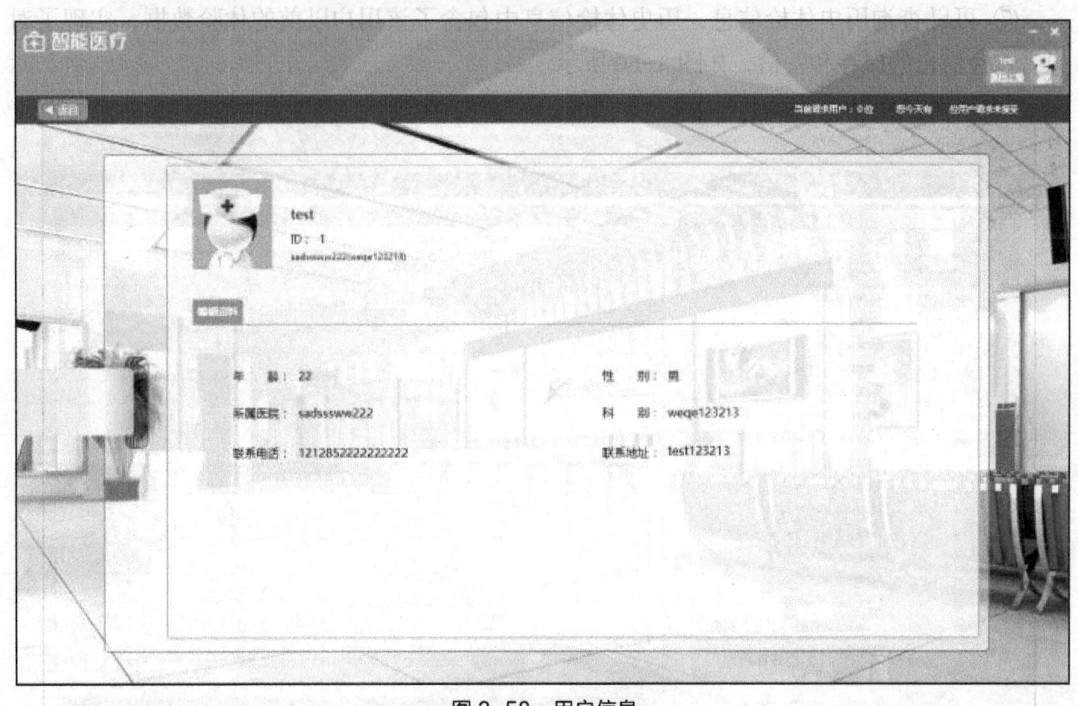

图 3-58 用户信息

⑥ 视频互动诊断。

医生可接受患者请求进行远程视频，查看患者的体检数据，要求患者进行复查操作，或者直接发送医嘱信息到患者移动互联终端，不再需要面对面的观察诊断，如图 3-59 所示。

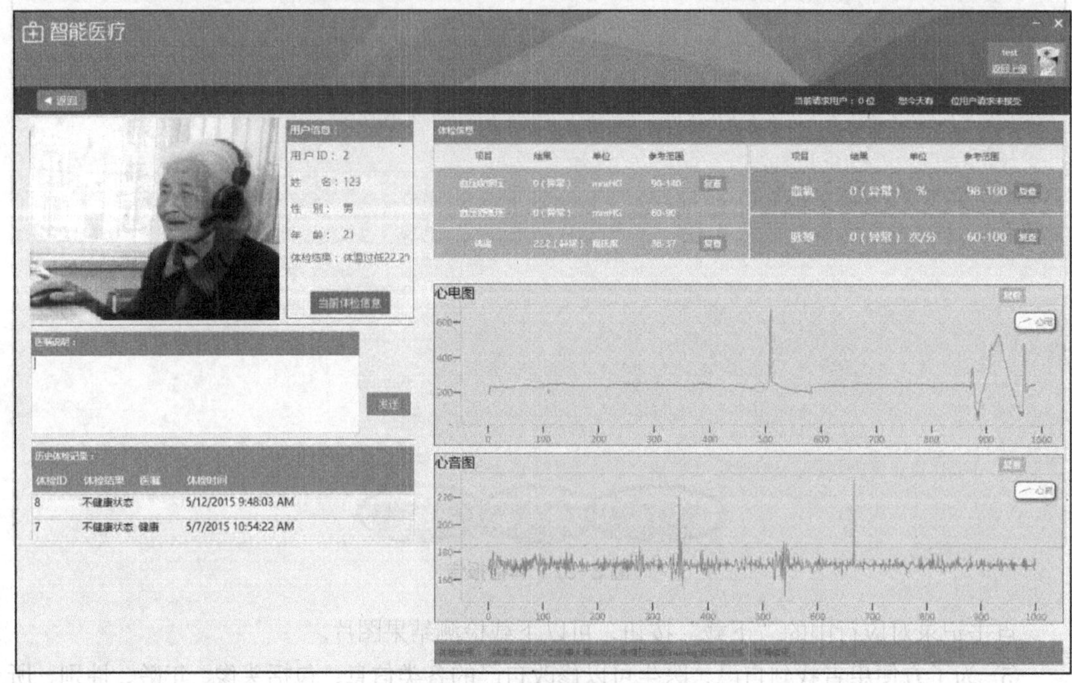

图 3-59　远程视频互动

⑦ 可以查询历史体检信息，历史体检信息中包含了该用户以前的体验数据，实现了对患者体检信息的保存和备份，如图 3-60 所示。

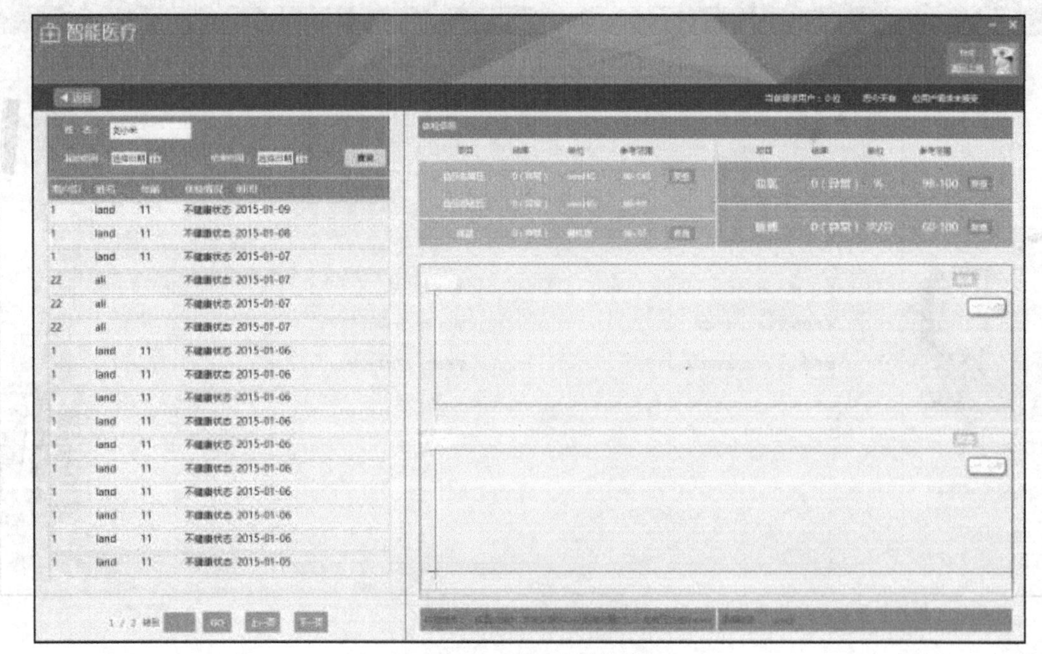

图 3-60　患者历史体检信息

通过这套智能医疗系统，用户可以随时查看自己的身体状况，在必要时还可以与医务人员进行交流，真正享受到了便利、优质的诊疗服务。

任务 2　实例：温州“智慧医疗”手机挂号平台上线

“智慧医疗”平台，是由温州医科大学附属第一医院、中国移动温州分公司强强联手，为推动建设“智慧温州”而打造的“智慧医疗”平台，即融合了手机挂号、手机取报告单、手机门诊热线、智能分诊等多项功能，同时借助快速的 4G 网络，方便医生看病、市民就医的一个医疗平台，产品模式属全国首创，产品界面如图 3-61、图 3-62 所示。在现有医疗条件下，这一平台的开通为患者营造了更好的就诊环境，为医患双方搭建了信息互通的无障碍桥梁，也很好地促进了医院管理水平的提高。“智慧医疗”的六大功能，解决了市民看病难的问题。

图 3-61　温一医智慧医疗平台界面

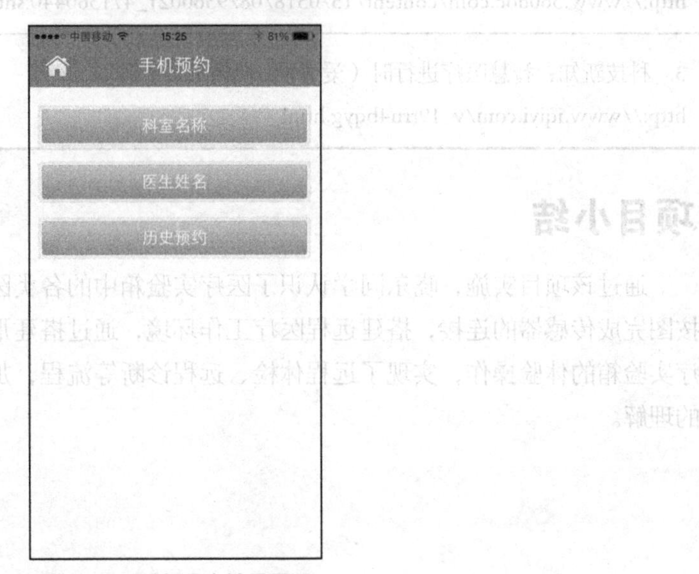

图 3-62　手机网上挂号界面

根据“智慧医疗”的功能设置，市民只需登录“智慧医疗”大众版，就能在手机上进行预约挂号、取报告单、智能分诊、医院导航等；符合一定条件的病人，还能拨打手机门诊热线 15988711580，在电话里就可以请医生开出化验单、特检单。医生通过登录“智慧医疗”医生版，在手机上就能给病人开诊断单、化验特检、复诊挂号，非常智能和便捷。

知识小链接：医疗行业将迎来自己的“大数据时代”

智慧医疗(Smart Health-care)是 IBM 于 2009 年提出的“智慧地球”概念。根据 IBM 提供的数据，上海市卫生信息系统每天产生 1 000 万条数据、已建立起 3 000 万电子健康档案、每天调阅 10 000 万次，信息总量已达 20 亿条。随着大数据时代的到来，医疗行业的信息化也迎来自己的“大数据时代”。

我国互联网（智慧）医疗已经历探索期，现已步入启动期，市场高速增长，商业模式将不断清晰完善，细分领域龙头初现。互联网医疗市场空间巨大：2014 年全球移动医疗市场规模约为 70 亿美金，中国为 30 亿元人民币；我国移动医疗市场未来将保持高速发展，至 2017 年市场规模有望达 200 亿元，未来三年年复合增长率超过 80%。

政策方面，日前国务院办公厅正式发布《全国医疗卫生服务体系规划纲要（2015—2020 年）》，纲要提出到 2020 年，实现全员人口信息、电子健康档案和电子病历三大数据库基本覆盖全国人口且信息动态更新，全面建成互联互通的国家、省、市、县四级人口健康信息平台，并积极推动移动互联网、远程医疗服务等发展。

扩展阅读

1. 智慧医疗离我们还有多远（爱奇网-视频）
http://www.iqiyi.com/v_19rrofqgt0.html

2. 智慧医疗未来发展趋势展望（360doc-文章）
http://www.360doc.com/content/15/0518/08/9360021_471360440.shtml

3. 科技新知：智慧医疗进行时（爱奇网-视频）
http://www.iqiyi.com/v_19rrn4bqyg.html

项目小结

通过该项目实施，晓东同学认识了医疗实验箱中的各类医疗传感器的外观和功能，并能按图完成传感器的连接，搭建远程医疗工作环境，通过搭建形成该应用的实施思路，通过医疗实验箱的体验操作，实现了远程体检、远程诊断等流程，加深了该应用所蕴含的社会意义的理解。

综合评价

任务完成度评价表

任务	要求	权重	分值
感受智能家居应用	能够体验智能门禁、智能环境、智能照明、智能安防等家居的具体应用，能动手完成智能窗帘的制作，通过实践能了解智能家居的组成与工作机制	35	
感受智能农业应用	能够体会到各类传感器在智能农业应用中的作用，了解智能农业实际应用	30	
感受智能医疗应用	能够正确使用医疗用户端和医生端实现远程健康监护，进一步了解智能医疗的发展	30	
总结与汇报	呈现项目实施效果，做项目总结汇报	5	

第四篇

认知物联网相关企业和高校

情景描述

物联网应用技术专业高二班的小蔡同学面临着一个两难的选择：下学年到底是去实习就业还是参加高职考试复习呢？如果马上实习就业，又担心以现在所学的物联网知识很难找到一个合适的岗位，高不成低不就；如果选择参加高职考试，有哪些高职院校和专业可供选择呢？在高职院校又能学到哪些物联网方面的知识呢？毕业后又可以去哪些物联网企业实习和就业呢？

可能许多同学和小蔡同学一样，存在着种种困惑，那么就让我们一起走进知名的物联网企业和培养物联网专业人才的高校吧！

学习目标

了解部分物联网企业在物联网领域的发展和创新。

了解最新的物联网技术及其对人才的需求。

了解本科院校和高职院校物联网专业的发展。

深入了解高职院校物联网专业对人才培养的需求。

了解中职学生技能大赛物联网项目的分类及要求。

PART 1 项目一 认识物联网知名企业

项目目标

通过对国内部分物联网企业的介绍，让学生走进“新大陆”（福建新大陆科技集团有限公司），携手企想——企航职业教育的梦想（上海企想信息技术有限公司），主要围绕着两个物联网企业的发展历程、技术优势、物联网解决方案、实训室产品、企业对物联网人才的需求等，尤其是针对中职学生的两个国赛项目：“物联网技术应用与维护”及“智能家居安装维护”，让学生充分了解和认知竞赛，以赛促学，让学生深入知晓未来需要掌握的知识与技能。

项目实施

任务 1　走进“新大陆”

物联网是国家七大新兴战略产业的发展方向，备受社会各领域关注。

首先，让我们看两则新闻。

新闻	二维码
1. 习近平在福建考察（新华网） http://news.xinhuanet.com/politics/2014-11/01/c_1113073552_3.htm	
2. 总裁王晶回忆习近平总书记“三顾”新大陆科技集团（福州新闻网） http://news.fznews.com.cn/fuzhou/20141105/54595dc3727fe.shtml	

看了以上两则新闻报道，大家都有什么感想？

想一想

新大陆科技集团到底有哪些吸引人的地方？

新大陆科技集团最吸引你的高新科技是什么？

新大陆科技集团能发展壮大，依靠的是什么？

下面就让我们一起走进新大陆！

1．新大陆科技园区

（1）一起走进新大陆科技园区

新大陆集团位于福建省福州市马尾新大陆科技园区，整个园区充满现代气息，园区外景和生产车间如图 4-1、图 4-2 所示。

图 4-1 新大陆科技园区

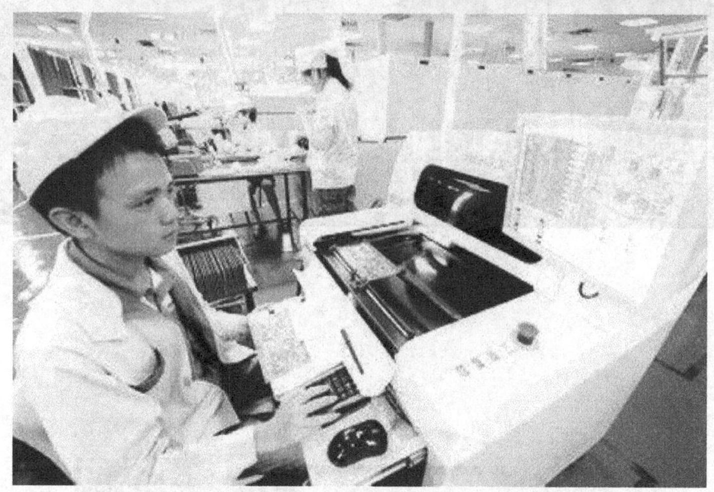

图 4-2　新大陆集团生产车间

（2）了解新大陆集团的总体情况

新大陆集团 1994 年由 18 名科技人员创办于福建省福州市。公司自成立以来坚持自主创新，以科技创新引领实业发展，发展成为一个综合性高科技产业集团，走出一条具有中国特色的价值成长之路。

新大陆产业横跨物联网、数字电视和环保科技三大领域，是国内领先的集物联网核心技术、核心产品、行业应用和商业模式创新于一身的综合性物联网企业；是数字电视综合业务供应商和无线通信设备供应商，和中国唯一掌握“紫外 C 消毒技术”与“大功率臭氧发生器技术”自主核心技术的环境设备及综合服务提供商；旗下的新大陆计算机股份有限公司于 2000 年在深圳证券交易所上市（代码 000997）。

根据新大陆 2014 年业绩报告显示：2014 年，公司营业收入 22.35 亿元，同比增长 20%；归属母公司净利润 2.76 亿元，同比增长 25%（剔除地产业务后净利润增速为 38%）。

年报对新大陆 2014 年技术与产品发展作了披露，摘要如下。

- 信息识别技术和产品领域。公司第三代二维码解码芯片成功流片，并在传感 SOC 芯片技术方面进行了储备。公司识别类产品销量快速增长，销售收入 2.2 亿元（2D 和 PDA

产品占比 66%），同比增长 45%，其中国际市场收入同比增长超过 50%。

- 电子支付领域报告期内，公司全年电子支付业务销售收入 7.67 亿元，同比增长 43%。传统 POS 销售量同比增长 40%以上；MPOS 和 IPOS 出货量和市场占有率均处于国内第一位。
- 物联网行业应用和运营服务领域在肉菜流通追溯领域，中标广东中药材项目，并与当地银行合作开展电子支付运营业务；公司多功能食品安全检测仪、胶体金检测仪整合至追溯体系中，产品通过中国食品药品检定研究院和中国农业科学院质量标准与检测技术研究院的检测认定。
- 物联网信息智能处理领域。公司移动通信业务收入 2.75 亿元，同比增加 14%。公司高速公路信息化销售收入 3.14 亿元，同比下降 27%。
- 公司的房地产项目进展顺利，凭借其创新的产品、优良的品质，加上地处福州自贸区的位置优势，赢得了市场的普遍认可，目前销售情况良好。

① 新大陆集团办业理念。

作为一家极富有创新性的价值成长型企业，自创办始，新大陆始终坚持“科技创新，实业报国”的办业理念。立足企业优秀的自主创新机制，新大陆通过坚持不懈的技术攻关，实现并推出了一系列高科技领域的“中国创造”；凭借市场导向的“科技成果快速商品化”能力和依托台湾产业资源优势的产业化能力，通过长期积累，构建了企业的竞争优势和核心竞争力；同时，依靠先进的技术和行业应用创新，作为战略伙伴参与国民经济相关行业的产业升级与技术发展，通过与客户的共同研发实现，为客户创造价值并实现共赢；由此服务于国民经济，造福百姓，推动中国经济和环境的可持续发展。

② 新大陆集团核心能力与优势。

新大陆拥有国际领先、完全自主知识产权的物联网二维码核心技术、行业芯片设计技术、环保紫外 C 消毒技术和大型臭氧发生器技术。2010 年正式发布了“全球首颗物联网应用二维码芯片”，如图 4-3 所示。在环保领域“大功率臭氧发生器”实现突破并出口海外市场。创办至今，新大陆科技集团开发出并拥有自主知识产权的产品和技术 600 多项（其中软件产品 80 余项），科研成果的转化率超过 80%；先后有 100 多项创新项目获得国家及省各类科技专项的立项。集团现有 700 多项国家专利和数 10 项美国及欧洲专利。专利产品与证书如图 4-4 所示。

图 4-3 新大陆全球首颗二维码芯片

图 4-4　专利产品与专利证书展示

③ 新大陆集团物联网产业地位。

- 获国家批准中国首个“物联网基金”；
- 中国二维码应用领军企业；
- 首创全球“二维码‘中国芯’”；
- 首创移动电子支付的“电子凭证”“Online-Offline 易动支付”商业模式；
- 首创动物标识与疫病可追溯移动解决方案；
- 物联网核心技术与产品、行业应用创新、商业模式创新于一身。

查一查

搜索出以下新大陆子公司对应的网址，并填在表格内。

序号	新大陆子公司名称	子公司网址
1	新大陆计算机股份有限公司	
2	新大陆信息工程公司（车联网）	
3	新大陆软件工程有限公司	
4	新大陆自动识别技术有限公司	
5	新大陆通信科技股份有限公司	
6	新大陆支付技术有限公司	
7	上海新大陆翼码信息科技有限公司	
8	北京新大陆时代教育科技有限公司	
9	新大陆环保科技有限公司	
10	北京新大陆联众数码科技有限责任公司	
11	福建永益物联网产业创业投资有限公司	
12	新大陆地产有限公司	
13	上海冷链事业部	

2．新大陆物联网体验厅

（1）走进体验厅

走进体验厅，通过认识新大陆的新产品来感受前沿技术给社会生产、生活带来的效益。体验厅景观如图 4-5 所示。

图 4-5　新大陆体验厅

图 4-5 新大陆体验厅（续）

（2）行业应用与产品

● 环保产品，如图 4-6 所示。

图 4-6 大型臭氧发生器和移动式饮水处理系统

● 智能交通产品，如图 4-7 所示。

图 4-7　智能交通产品展示

● 教育领域产品，如图 4-8 所示。

图 4-8　物联网基础实验箱和关键技术实训系统

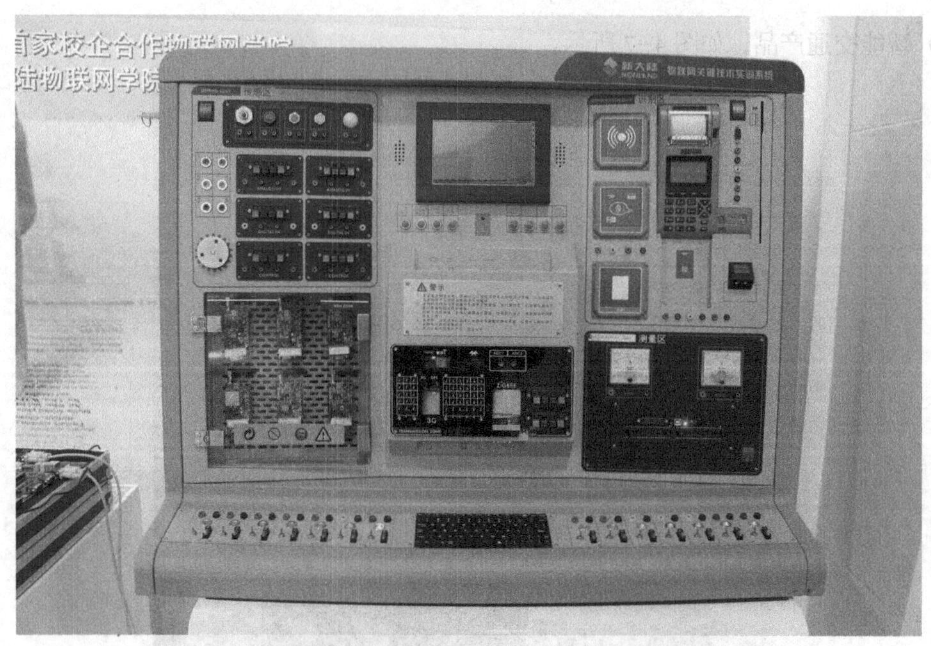

图 4-8　物联网基础实验箱和关键技术实训系统（续）

● 电子支付领域产品，如图 4-9 所示。

图 4-9　电子支付系列产品展示

● 数字电视产品，如图 4-10 所示。

新大陆数字电视综合业务规模进入全国第一集团，被“2010 广播电视十大优秀企业评选”评为国内知名品牌，提供数字电视、无线通信、无线广电（CMMB）整体解决方案。

图 4-10　1kW 数字电视发射机 NL-T600 和数字电视传送整体解决方案

● 医药冷链监控物联网解决方案，如图 4-11 所示。

图 4-11　医药冷链温度监控物联网解决方案

● 治理餐桌污染智能溯源物联网解决方案，如图 4-12 所示。

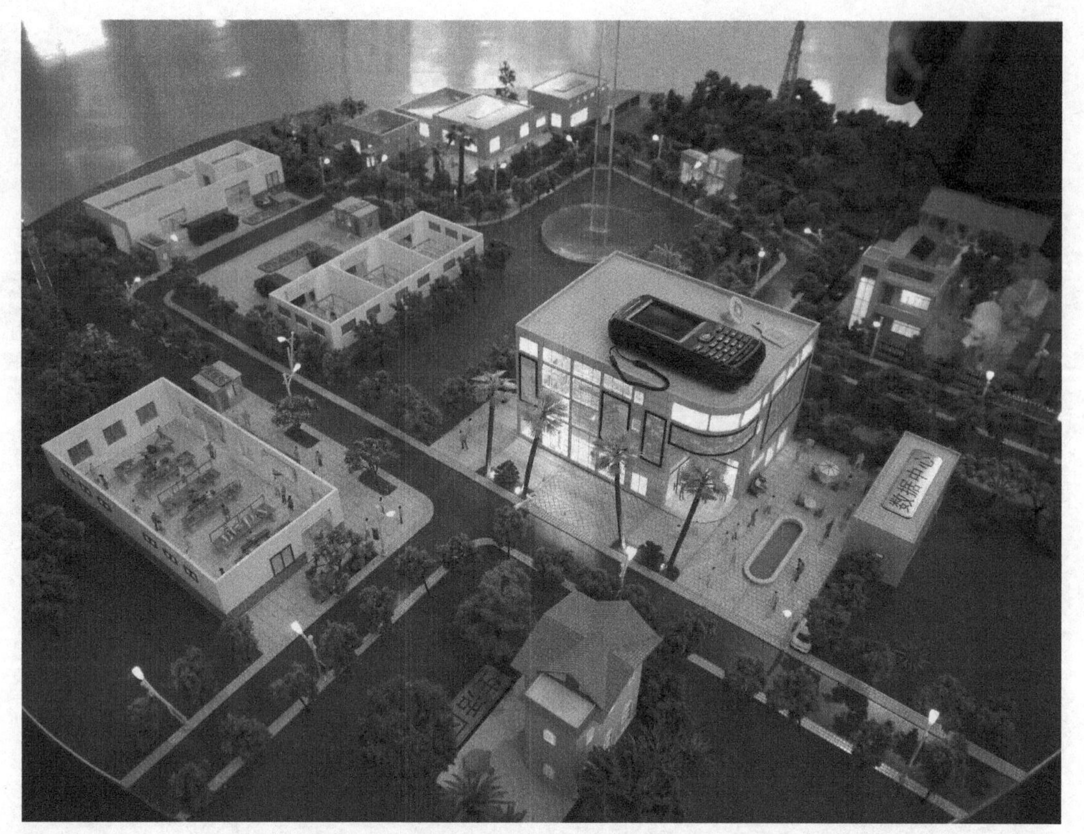

图 4-12　治理餐桌污染智能溯源物联网解决方案

查一查

新大陆集团还涉足哪些行业应用？还有哪些产品？

3．新大陆时代教育科技有限公司

新大陆时代教育科技有限公司是新大陆集团旗下的子公司之一，以下简称“新大陆教育公司。

企业宗旨：产业导向，教学为本，以赛促教，以赛促学，引领物联网专业建设。

新大陆教育公司，是国内物联网领军企业，作为信息产业实用型人才培养解决方案提供商，致力于面向全国高校、职业院校进行产、学、研校企深度合作，是新大陆科技集团产业报国、回馈教育的直接执行者。

新大陆教育公司，依托新大陆科技集团深厚的物联网产业背景，与院校合作成立校企联盟，形成全新的物联网教育体系和科研体系。该体系致力于打通人才供应端和人才需求端两个系统，实现人才培养和市场需求无缝链接，助力院校培养出一系列物联网创新型人才及实用型人才，以满足社会对科研、生产、建设、管理、服务的各种类型人才需求。

新大陆教育公司，在校企合作、实训基地建设、培训认证、科研合作等方面与院校开展多层次的深入合作，共同推动我国物联网产业的创新及发展。

查一查

通过浏览新大陆教育公司网站，了解更多的物联网相关实训室的方案及核心设备等情况。

4．全国职业院校技能大赛物联网技术应用与维护赛项

（1）赛项背景

物联网作为世界各国重点发展的新兴产业之一，其应用需求及应用领域极为广泛，已成为一个国家构建社会新模式和重塑国家长期竞争力的先导力量。目前，我国已将“物联网”明确列入《国家中长期科学技术发展规划（2006-2020年）》和2050年国家产业路线图，这将为我国物联网的发展提供强大的推动力。发展前景将超过计算机、互联网、移动通信等传统IT领域。我国物联网产业已形成环渤海、长三角、珠三角及中西部地区等四大区域集聚发展的总体产业空间格局。

物联网的发展是应用驱动式的，渗透性非常强，其所涉及的产业链，囊括了通信网络、信息系统集成、自动控制等多个领域，强势带动了微电子、软件、信息技术诸多领域拓展，更促进了相关产业的发展，并由此衍生各行业的大量人才需求。“物联网技术应用与维护赛项”正是顺应了物联网产业在未来几年内的高速发展而带来的大量人才需求而设计的。

（2）赛项目的

2015年物联网技术应用与维护竞赛的设计重点，重在考核中职学生对于物联网技术、设备、应用的认知与实操能力，以项目任务的形式考核学生对于物联网设备、系统的安装、部署、使用、维护等能力。通过这些技能的考核，进一步促进物联网技术应用相关专业方向的开设及教学内容与教学方法改革与创新，深化校企合作、引导教学改革和专业方向调整、探索培养企业所需要的物联网技术应用的高素质技能型人才的新途径、新方法。

（3）办赛模式

政府主导——赛项全程遵循全国职业院校技能大赛组织委员会和执行委员会的指导思想，以健全赛项制度、创新办赛机制、积极提升赛项质量为目标，使之真实反映物联网这一全球性战略新兴产业在我国职业教育领域的发展水平。

行业指导——赛项充分发挥行业职业教育教学指导委员会对于行业职业教育发展规划、人才需求预测、专业建设的指导作用，全面提升赛项的引领与评价作用，逐步实现技能大赛推进职业院校专业建设和教学改革，提升职业教育服务与产业结构调整的能力。

企业参与——基于对本行业领域的技术趋势发展规律、人才需求模型的深度理解，在赛项设计上充分考虑岗位或目标任务对参赛选手的综合要求，以理实一体的考核方式体现职业岗位对选手理论素养和操作技能的要求；在赛项组织上采用物联网技术，全程实现公平、公正、公开，并在赛后切实加强竞赛资源向教学资源转化工作。

（4）赛项简介

物联网是新兴技术产业，涉及多学科、多技术领域的交叉，关键在于应用。目前物联网被正式列为国家重点发展的战略性新兴产业之一。当前国内物联网新兴领域的基础技术与应用人才极度匮乏。为适应目前高速发展的物联网产业（技术、应用和商业模式等）对相关行业高素质人才培养提出的新要求，本赛项应势而出，对未来物联网产业所需的大量人才需求全面开展。

2015年物联网技术应用与维护赛项延续2014年竞赛标准并进行优化，着重培训中职学校物联网产业技能型人才，是知识整合能力、面向市场应用能力、综合实践能力培养。在设计上重点考核中职学生对于物联网设备、技术、应用、场景等的认知，以及对于物联网感知层、传输层、应用层等软硬件部署、配置的实操技能，同时，也兼顾对文档阅读、团队协作、工艺规范等职业素养的锻炼。竞赛场景如图4-13所示。

图4-13 中职物联网技术应用与维护赛项竞赛场景

（5）赛项赛场

大赛分为省赛和国赛两个阶段。省赛阶段进行的赛项为国赛参赛进行预选，在省赛中获得名次才可拿到参加全国大赛的资格。

各分赛区进入国赛的名额由赛项执委会根据各赛区报名团队的总数按比例分配。各参赛队比赛顺序由指导教师或队长现场抽签决定。

查一查

搜索更多中职物联网技术应用与维护赛项竞赛场景图片，更深一步了解此项竞赛。

5．寻找“哥伦布”，共筑“新大陆”（新大陆人才需求）

（1）人才吸引

创新型企业：始终坚持自主创新，走出一条具有中国特色的自主创新之路，已经开发出并拥有自主知识产权的产品和技术600多项。

人性化薪酬福利：富有竞争力的薪酬福利体系，五天工作制，法定假期，过节费，配套员工食堂、班车、宿舍，员工体检，自有地产新大陆壹号“宜家工程”等。

健全的职业发展：新大陆为员工规划了双通道（管理通道+专业通道）职业发展模式，并通过纵向职业晋升、横向职业转换为员工提供多重职业发展机会。

完整的培训体系：新员工培训、专业技能培训、管理技能培训、导师制辅导、南航工程硕士班、厦大企业管理硕士班、海外技术交流与参展、标杆学习（淘学）等。

绿色新大陆科技园：花园式办公环境，简约而独特的装修风格，配套茶水间、咖啡吧等增加了员工的愉悦和归属感。

（2）联系我们

官方微信：发现新大陆

敬请扫一扫或搜索
公众号“发现新大陆”

官方微博：新大陆集团招聘/新大陆科技集团官微

（3）公司及招聘信息

查一查

通过网络搜索，深入了解新大陆集团的招聘信息，重点了解招聘岗位和任职要求，填写下表。

单位	招聘岗位	人数	地点	任职要求

通过前面的学习，同学们对新大陆科技集团和新大陆教育公司，以及它们的产品有了初步的了解，尤其对物联网实训室和全国职业院校技能大赛物联网技术应用与维护赛项有了一定的了解；进一步知晓了物联网技术的最新发展，以及社会对物联网技术人才的岗位需求，使我们能更好地取长补短、查缺补漏，让我们对学好物联网技术有了更强的信心和动力，就让我们一起携起手来，为自己的梦想“企航”吧！

任务 2　携手企想——企航职业教育的梦想

1．上海企想信息技术有限公司简介

上海企想信息技术有限公司（以下简称“企想”）是企想集团下属一家全资子公司，是自主创新型高科技企业，主要业务有：物联网技术与产品研发、物联网智能家居产品研发、智能家居系统工程、物联网智能交通等技术的研发和技术应用，智能楼宇/网络综合布线系统工程。

自 2009 年进入教育行业以来，企想先后推出了网络布线实训室、智能楼宇实训室、物联网综合应用技术实训室、物联网智能家居实训室、智能交通实训室、智能农业实训室等。作为信息产业实用型人才培养解决方案提供商，致力于面向全国高校、职业院校进行产、学、研校企深度合作，形成全新的物联网教育体系和科研体系。

企想致力于打通人才供应端和人才需求端两个系统，实现人才培养和市场需求无缝链接，

助力院校培养出一系列物联网/智能化楼宇等创新型人才及实用型人才，以满足社会对科研、生产、建设、管理、服务的各种类型人才需求。

企想在校企合作、实训基地建设、培训认证、科研合作等方面与院校开展多层次的深入合作，共同推动我国物联网产业的创新及发展。目前，公司与上海建桥学院、上海经济管理学校、上海贸易学校、杭州市电子信息职业学校、杭州科技职业技术学院、浙江经济职业技术学院等近百所高校或者职业院校合作，开设了师资培训基地、人才培养与储备基地、校企合作工厂等各种形式的校企合作办学。其主要目的就是通过企想提供的专业的、系统的人才培养模式，先培养师资再培养学生，最后输送就业，全面解决了院校师资培养和学生就业的问题。

从 2012 年起，企想连续支持了全国职业技能大赛及各省市级职业技能大赛，分别在高职组计算机网络应用赛项、中职组综合布线赛项、中职组智能家居安装与维护赛项、中职组企业网搭建等赛项中提供了竞赛平台和全程技术支持服务。通过全国职业院校技能大赛的平台，企想能够很好地了解到各院校的真实想法，帮助学校一起为人才输送起到中介与培养的作用。企想通过与海尔、快思聪、西门子、HONEYWELL、FLUKE 等国内外知名企业的合作，向他们输送了平均每年 70 人次的实习生，录用率达到 97.37%，受到了来自各界的关注和赞扬。

企想秉承以人为本，务实进取的企业文化，立足教育行业，产业报国，投身国家教育事业，目标是为院校和社会人士提供符合区域经济发展特色的人才培养解决方案。

企想拥有一大批资深的教育教学专家，还有来自行业的顾问师资团队，可以保障将企想打造成国内专业性最强、教学模式创新、师资培养内容最全、教学设备研发技术最精、人才中介范围最广的人力资源顾问与培养输出平台。

企业愿景：传承文明，创新科技，智慧生活。

企业使命：促进技能提升，推动就业创业。

核心价值观：利他，合作，随需而变。

厚德，激情，超越自我。

查一查

通过浏览企想公司网站，了解更详细的物联网教学解决方案。

2．全国职业院校技能大赛——“智能家居安装维护”赛项（中职组）

（1）竞赛目的

智能家居是通信技术、信息采集和计算机软件技术结合的网络应用。“智能家居安装维护”赛项是为了响应国家产业结构调整和产业发展对新型智能家居应用技术人才的需求，促进中职信息技术类专业面向 IT 行业应用进一步优化课程设置、改善教学方法、创新培养模式、深化校企合作，引导职业院校关注绿色、安全、智能的物联网技术发展趋势和产业应用方向，引导院校、教师、企业促进教产互动、校企融合，推动中职学校相关专业的建设和改革，增强中职学校学生的新技术学习能力和就业竞争力。

（2）竞赛内容与时间

竞赛主要考核团队工作能力、项目组织与时间管理能力、理解分析物联网智能家居系统设计的能力、物联网智能家居布线能力、物联网智能家居设备配置与调试能力、物联网智能家居系统安全配置和防护能力、信息采集和处理能力、物联网智能家居技术的应用实施能力、制作工程文档的能力等。

竞赛分为 4 个部分，分别是：智能家居设备安装调试及应用配置、智能家居嵌入式网关应用配置、智能家居应用软件配置和团队风貌。

（3）赛项方式

本赛项为团体赛，各省（市）以院校为单位组队参赛，不得跨校组队，每校至多 1 队。每支参赛队由 3 名选手（设队长 1 名）和不超过 2 名指导教师组成。本赛项邀请台湾代表队观摩。

（4）竞赛规则

参赛选手须为在籍中等职业学校（职业高中、普通中专、技工学校、成人中专）学生；五年制高职学生报名参赛的，一至三年级（含三年级）学生参加中职组比赛，不限性别，年龄须不超过 21 周岁（当年），且在往届全国职业院校技能大赛中未获得该项一等奖。省、自治区、直辖市、新疆生产建设兵团、计划单列市组队参赛。每个学校限报 1 支代表队，参赛选手为同一学校，不允许跨校组队。

（5）奖项设定

本赛项奖项设团体奖。竞赛团体奖的设定为：一等奖占比 10%，二等奖占比 20%，三等奖占比 30%。获得一等奖的参赛队指导教师由组委会颁发优秀指导教师证书。

查一查

搜索更多中职智能家居安装维护赛项竞赛场景图片，更深一步了解此项竞赛。

3．企想人力资源建设

人才理念：尊重每个人的知识和能力，努力提供相对公平竞争的机会和环境，力求员工以竞争合作方式实现自我价值。

五心要求：诚心、爱心、平常心、责任心、感恩心，如图 4-14 所示。

诚心对客户，爱心对家庭，平常心对人生，责任心对工作，感恩心对同事。

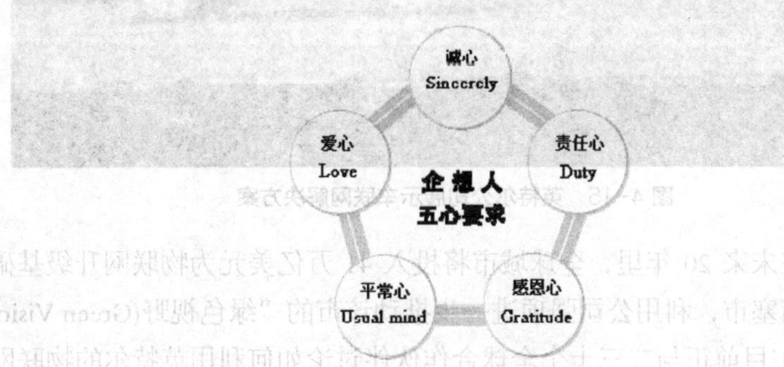

图 4-14　企想人五心要求

查一查

通过网络搜索，将企想人力资源建设方面的理念补充完整。

人力资源建设	基本理念描述
基本人才观	
用人理念	
职业精神	
人际处世观	
五心要求	诚心、爱心、平常心、责任心、感恩心

知识扩展：巨头企业涉足物联网

物联网的应用近年来越来越热，以搜索互联网消费为主体的谷歌，就率先在物联网世界展开强势攻略。谷歌眼镜的问世轰动一时，接着又推出了自动驾驶汽车，其拥有自己未来交通的意愿非常强烈，欲成为物联网世界的物流平台。在谷歌大力发展物联网络的同时，英特尔、GE、思科、苹果等网络巨头也不示弱，纷纷加入物联网世界的角逐当中。

1．英特尔：物联革命，革命未来

英特尔公司全球物联网业务开发销售总监 Gregg Berkeley 表示，英特尔将物联网看作一场革命。该公司准备通过为客户开发和集成从设备到云端的物联网解决方案，推动业务转型，如图 4-15 所示。

图 4-15　英特尔公司展示车联网解决方案

英特尔预测，在未来 20 年里，全球城市将投入 41 万亿美元为物联网升级基础设施。英特尔已携手美国圣何塞市，利用公司强项进一步推动该市的“绿色视野(Green Vision)”计划。Berkeley 表示，英特尔目前正与二三十个全球合作伙伴讨论如何利用英特尔的物联网技术建设智能城市，有些合作在亚洲，有些遍及欧洲。

读一读

让 350 亿物联网设备 Intel Inside—百度百家（文章）
http://jiyongqing.baijia.baidu.com/article/53261

Intel 正式发布“夸克”：抢夺物联网—驱动之家（文章）
http://news.mydrivers.com/1/278/278136.htm

2．思科：课程引领物联网

思科预计，到 2022 年，物联网可能为全球范围内的私人和公共部门带来高达 19 万亿美元的经济价值。

思科网络技术学院已宣布推出首个全球物联网网络课程，有助于满足企业对 ICT 技能不断飙升的需求，并提高下一代创新者接受物联网的能力。

新课程是这家美国科技巨头尝试消除不断扩大的 ICT 技能差距，并加速全球物联网创新的一个重要组成部分。

“物联网入门” 是一系列物联网课程的第一课。这个入门级课程针对那些希望抓住万物互联机遇的人，并不需要本身具备任何深入的 IT 知识。

该免费自学课程面向全球范围内每一个思科网络技术学院的学生，学院还可以创建教师指导班教授该课程。

3．谷歌：物联代替互联？

谷歌执行董事长埃里克·施密特预计目前所认识的互联网将消失。“我可以非常直接地说，互联网将消失。未来将有数量巨大的 IP 地址、传感器、可穿戴设备以及你感觉不到却与之互动的东西，无时无刻伴随你。设想下你走入房间，房间会随之变化，有了你的允许和所有这些东西，你将与房间里发生的一切进行互动。”

他表示，这种变化对科技公司是前所未有的机会，“世界将变得非常个性化、非常互动化和非常非常有趣”。

这位谷歌董事长认为 “所有赌注此刻都与智能手机应用基础架构有关，似乎将出现全新的竞争者为智能手机提供应用，智能手机已经成为超级计算机。我认为这是一个完全开放的市场。”

从谷歌近年推出的一系列可穿戴设备（见图 4-16）、无人驾驶汽车(见图 4-17)及不胜枚举的并购不难看出，物联网已成为谷歌发展的重中之重，无论是已经发布了的谷歌眼镜，还是其他，谷歌相信，物联一定是未来交流的核心。

图 4-16 谷歌可穿戴设备

图 4-17 谷歌无人驾驶汽车

4．苹果：通过杀手锏，推进物联网

苹果做了很多其他巨头没有做到的事情，iPod、iPhone 具有划时代的意义，开创了数字音乐和智能手机的新时代。如今苹果已经投身物联网，希望通过各种形形色色的智能设备改变整个世界。

仔细想想，苹果在物联网的推进策略和过去十分类似：开发数个杀手锏级别的应用，通过应用商店这种简便的途径，让用户不费力气地搜寻、购买和安装这些应用，并确保开发者可以切切实实地赚到钱。应用商店的横空出世，使智能手机从独立的产品演变成一种全新技术生态系统的中心，此后这一模式被竞争对手广泛效仿。

同样的理念应用到生活中的各种智能设备，也许有一天将为苹果业务做出不少贡献。对苹果而言，应用商店目前是赢利增值最快的业务：在过去半年中，单单 iTunes 就赢利 50 多亿美元，同比增长了 11%。

查一查

2014 年中国十大物联网公司排名，并填写下表。

排名	公司名称	网址	主营业务
1			
2			
3			
4			
5			
6			
7			
8			
9			
10			

扩展阅读

1. 以人为本　智慧城市（H3C 华三通信）

http://www.h3c.com.cn/Solution/Gov_Corporation/Govermment/

2. 阿里云–全球领先的云计算服务平台（阿里云）

http://www.aliyun.com/

3. 全球智能家居国际展示平台–物联传感上海体验中心–3D 演示视频（搜狐 – 视频）

http://my.tv.sohu.com/us/63293323/57378664.shtml

4. 市民卡变身智能手环 杭州市民下月起可以刷“手”（浙江在线）

http://zjnews.zjol.com.cn/system/2015/07/29/020759607.shtml

项目小结

通过该项目实施，小蔡同学深入了解了以新大陆集团和企想公司为代表的物联网企业，体会到各巨头企业对物联网的关注，以及了解物联网相关的竞赛情况和物联网产业对人才的要求。经过这一阶段的认知，开阔了小蔡同学的视野，为今后的选择提供依据，也便于他能在今后的学习中查缺补漏、有的放矢，为升学和就业，以及日后从事物联网行业打下良好的基础。

PART 2

项目二 认知高校物联网专业

项目目标

通过对本科及高职院校物联网专业的介绍，使学生了解高校对物联网专业的人才培养目标、主干课程、就业岗位等方面的要求与差异，了解物联网的最新技术和所需要的职业技能，为今后升入高校做好充分准备。

项目实施

任务 1　了解本科院校物联网专业

本科院校物联网专业属于计算机类，具体名称为物联网工程，专业代码为 080905。目前教育部审批通过的开设物联网工程专业的本科高校有：哈尔滨工业大学、江南大学、西北工业大学、重庆邮电大学等一百多所。现以福州大学为例来了解本科院校的物联网专业发展状况，其他学校的情况请自行查询资料学习。

（1）学校简介

福州大学是国家“211 工程”重点建设高校，福建省人民政府与国家教育部共建高校，创建于 1958 年，现已发展成为一所以工为主、理工结合，理、工、经、管、文、法、艺等多学科协调发展的重点大学。

学校拥有福州旗山、怡山、铜盘和厦门集美、鼓浪屿等多个校区，占地 5 200 余亩。办学主体位于福州大学新区旗山校区，校区外景如图 4-18 和图 4-19 所示，现有公共用房总面积 110 余万平方米，运动场地 20 余万平方米。学校固定资产总值 34.5 余亿元，其中教学科研仪器设备值 8.6 亿余元，图书馆藏书 258 万余册，数字资源量 75 000 GB，电子图书 13 500 GB。所属网络中心是中国教育和科研计算机网福州主节点。

图 4-18 福州大学旗山校区

图 4-19 福州大学旗山校区大门

学校现有教职工 3 108 人，专任教师 1 876 人，其中院士 5 人（含双聘院士 4 人），国际欧亚科学院院士 1 人，荷兰皇家科学院院士 1 人；“973 计划”项目首席科学家 1 人；“长江学者”特聘教授 4 人，国家杰出青年科学基金获得者 8 人，全国杰出专业技术人才 2 人，“新世纪百千万人才工程”国家级人选 4 人，教育部“新世纪优秀人才支持计划”人选 11 人，享受国务院特殊津贴专家 114 人，博士生导师 224 人。

学校大力开展对外合作交流，已与清华大学、北京大学、中国人民大学等知名高校、科研院所建立了良好的校际、校所协作关系，并与美、英、日、德、意、加、澳等国家和港澳台地区的 140 多所高校建立了校际合作关系，积极开展中外科教文化交流，是中国政府奖学金留学生接收院校，目前已面向 10 余个国家招收了来华留学生，聘请了 50 余名外国专家学者长期在校任教，并建立了国内首个西方文献典籍中心——“西观藏书楼”。对台交流向纵深发展，交流规模日益扩大，现为闽台合作办学国家改革试点重点项目单位。学校已成为福建省与国际及台、港、澳地区科教文化交流的一个重要窗口。

学校确立了走区域特色创业型强校之路的办学理念，正朝着建设具有较强学科相对优势，体现教学研究型办学特色和开放式办学格局的我国东南强校的奋斗目标大步迈进，努力为国家和海峡西岸经济区建设作出更大的贡献。

查一查

通过网络搜索，进一步了解福州大学其他方面的详细情况。

（2）学校专业介绍

福州大学分为物理与信息工程学院（外景如图 4-20 所示）、数学与计算机科学学院、软件学院等 19 个子学院，其中物理与信息工程学院下设物联网工程专业、数字媒体技术专业、光电信息工程专业等八大专业。

图 4-20 物理与信息工程学院

（3）物联网工程专业介绍

● 培养目标

本专业培养掌握物联网技术与应用相关的基础理论和应用方法，具备与物联网相关的通信、网络、传感和信息处理等领域的专业知识，具备物联网工程技术研发、设计、维护和管理能力，符合产业界需求的高级工程技术人才。

● 主干课程

专业主要课程包括：电路分析、模拟电路、数字电路、计算机网络、数据库、软件工程、通信原理、无线通信、无线传感器网络、条码技术、射频识别技术、自动控制、云计算、物联网安全技术和物联网组网技术等。

● 就业岗位

主要就业于物联网工程、电子系统、通信、计算机等领域的企业、行业，从事物联网工程及其相关的通信、网络、传感器和信息处理等系统的设计、集成、维护与管理，也可在高校或科研机构从事科研和教学工作，或考取相关专业硕士研究生。

（4）福州大学新大陆物联网学院

2011 年 11 月 1 日上午，由福建省教育厅主办，福州大学、新大陆承办的“福州大学新大陆物联网学院成立暨福建省物联网人才培养校企合作签约仪式”在怡山大厦三层国际厅举行。签约现场如图 4-21 所示。

图 4-21　全国首家校企物联网学院——福州大学新大陆物联网学院成立

签约仪式由时任省教育厅副厅长吴仁华主持，由时任新大陆科技集团总裁王晶、工信部通信行业职业技能鉴定指导中心主任滕伟、教育部高职高专电子信息类教学指导委员会主任高林、省教育厅厅长鞠维强先后致辞。福州大学副校长高诚辉代表学校与新大陆科技集团签署了《福州大学新大陆物联网学院合作办学协议》，并授牌，如图 4-22 所示。随同一起签约的还有福建省对外经济贸易职业技术学院代表的 16 所高职院校。

图 4-22 福州大学新大陆物联网学院

这是全国首家校企合作的物联网学院面向全国，培养物联网高端人才、培养物联网师资力量、培养物联网科技创新人才，并进行物联网的前瞻性研究和应用研究。在此基础上，新大陆还与 16 家高职院校签署了《福建省物联网人才培养校企合作协议书》，开展物联网人才培养校企合作，探索高职院校服务物联网产业发展的路径，形成高职院校物联网专业建设标准及人才培养战略，培养服务与国家战略性新兴产业高素质人才。与会专家表示，这是中国第一所校企合作的物联网学院，开启校企联盟新模式，将成为中国物联网产业发展与物联网教育的重要里程碑。与以往高校单独成立物联网学院不同的是，福州大学新大陆物联网学院探索了一条校企联盟的物联网教育体系：一是参与物联网行业教学标准的制订；二是参与教指委（教育部高职高专电子信息类教学指导委员会）物联网教材的编写；三是在国内率先推出了整合知识、面向行业应用的系列物联网教育实训系统，直接应用于福州大学及各高职院校的物联网专业教育；四是企业实习和再培训基地的建设；五是物联网科研基地的建设。此举打破了传统的教学模式，以物联网龙头企业与高等教育院校深度合作，优势互补，合作探索新的人才培养和教学机制。

（5）福州大学物联网展厅

福州大学物联网展厅包括智能交通、智能农业、电子票证、智能食品追溯、智能导购、智能旅游、智能路灯、智能人员监控、智能分拣、智能环境监测、商品货物电子标签智能管理这 11 类实际应用，整合了传感控制、RFID 感知识别、传感通信组网、物联网接入、中间件平台和大型物联网应用开发集成等技术，物联网覆盖人员、物品、车辆、环境、基础设施等领域，整个展厅系统可充分互动体验。

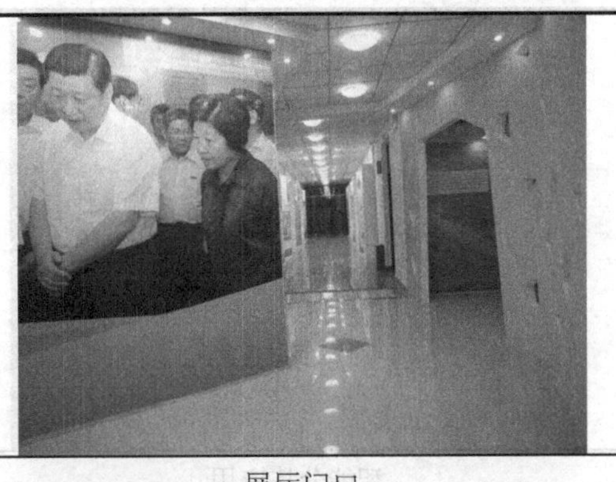

展厅门口

展厅走廊

智能交通应用

智能环境监测应用

智能农业应用

智能路灯管理应用

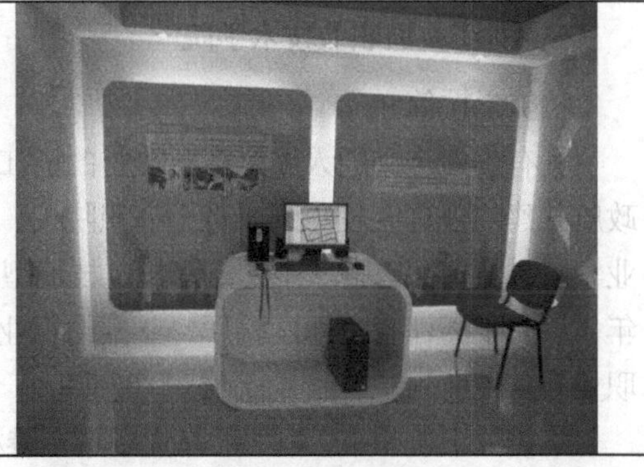

智能导览应用

电子票据应用	智能分拣应用

商品防伪和食品溯源应用	智能超市应用

查一查

搜索福州大学物联网展厅更多的应用及相关图片。

任务 2　了解高职院校物联网专业

高职院校物联网专业属于计算机类，具体名称为物联网应用技术，专业代码为 590129。现以浙江交通职业技术学院和浙江经济职业技术学院为例，来了解高职院校的物联网专业发展状况，其他学校的情况请自行查询资料学习。

1．浙江交通职业技术学院

（1）学校简介

素有“浙江交通人才摇篮”美誉的浙江交通职业技术学院，是交通运输部与浙江省人民政府共建的公办院校、国家骨干高职院校、全国交通职业教育示范院校、浙江省示范高等职业学院、教育部首批“中德汽车机电技能型人才培养培训项目”试点院校。学校创建于 1958 年，隶属于浙江省交通运输厅，坚实的行业支撑和深厚的办学底蕴使学校始终处于全国高等职业教育的前列。

学校位于杭州市，毗邻浙江大学紫金港校区，集“西湖”“西溪”自然之灵秀，合现代化、职业化人文之特色，享有全国高职“魅力校园”称号。学校占地 622 亩，总建筑面积 25 万平方米，在校学生 8 800 余名，教职员工 500 余名，拥有国家级教学名师、全国五一劳动奖章获得者、省级教学名师、省技术能手领衔的一流师资队伍，有现代化、数字化的教育和生活设施，质量管理体系覆盖全校，是省级治安安全示范单位。学院大门如图 4-23 所示。

图 4-23 浙江交通职业技术学院大门

“依托交通，服务社会”是学校坚持的办学特色。学校主动服务海洋经济国家战略和浙江现代交通“大港口、大路网、大航空、大水运、大物流”五大建设，设路桥学院、汽车学院、海运学院、机电与航空学院、信息学院、运输管理学院、人文学院 7 个教学分院和继续教育学院，设置 37 个全日制高职专业和 18 个成人高职专业，是浙江省交通类专业最齐全的高校，其中路桥、汽车、海运、船舶、通信、物流、铁道、地铁类专业是省内开设较早的优势品牌专业。学校设有 14 个科学研究机构，其中浙江省交通科学研究院具有独立法人资格。

“校企合作，开放办学”是学校发展的核心战略。学校是国家教育部与德国、澳大利亚、台湾地区等境内外院校开展专业开发、师生交流等国际合作项目；与路桥、汽车、海运、船舶、物流、铁路、地铁、机电、IT、通信、外贸、旅游等相关企事业单位合作紧密，共建校外实践教学基地 240 个。

“为学生提供最优教育，为社会提供最佳服务”是学校肩负的使命。学校倡导“学思并重，知行合一”的优良学风，培养学生“路”的奉献精神和“海”的博大胸怀，全员、全过程、全方位的“三全育人”理念和精彩纷呈的校园文化让学生快乐学习、成长成才。历届毕业生以“素质高、适应快、留得住、动手强”的特点深受用人单位欢迎，毕业生初次就业率达 98% 以上，为浙江现代交通建设和社会经济发展提供了强有力的人才支撑。

“励志力行”是学校的校训。学校遵循“以人为本，提供优质教育服务，培养交通建设和社会需要的高素质技术技能型人才”的质量方针，坚持“文化引领、培育特色、打造品牌、面向市场”的办学方向，致力于建设办学理念先进、行业特色鲜明、人才培养质量高、社会服务能力强、具有可持续发展能力的一流高等职业技术学院。

（2）专业介绍

查一查

浙江交通职业技术学院包括哪六个子学院？其中信息学院包括哪四大专业？

浙江交通职业技术学院是2012年浙江省首批获物联网应用技术专业招生资格的三所高职院校之一。物联网应用技术专业情况如下。

● 培养目标

培养德、智、体、美全面发展，适应社会发展与经济建设需要，掌握计算机基础理论知识与基础应用技能、RFID（射频识别）技术、无线传感器技术、无线组网技术、移动通信技术、数据库应用与管理技术、物联网综合应用技术等能力的技术技能型专门人才。招收普高文理科/中职毕业生，学制三年。

● 人才培养模式

根据高职学生的认知规律，结合专业特点和我院本专业的实际情况，确立了"能力为本、校企合作、双证多岗"的人才培养主导模式。

本专业针对职业标准、行业质量标准，以及职业资格认证中的每一门课程内容进行了大量、细致的分析，将所涉及的知识点和技能点有机融入教学之中，教学中强调"能力为本"的思想。在教学中则通过"校企合作"的方式充分体现"能力为本"的思想，请企业具有较强实践工作经验的工程师参与教学和实验的指导，进一步提升学生的能力。采用课堂学习和职业资格证书获取的方法，进一步拓展学生的就业能力，同时，在学习的最后阶段引入多种岗位能力培养，实现"双证多岗"。

● 职业面向

序号	职业面向	就业岗位（群）
1	物联网工程实施	初始岗位：物联网工程的施工；物联网工程的安装、调测 发展岗位：物联网工程技术指导；物联网工程管理；物联网工程监理
2	物联网产品营销与售后服务	初始岗位：销售物联网相关产品；物联网项目售后服务 发展岗位：物联网相关产品销售主管；物联网项目售前、售后工程师
3	物联网产品测试	初始岗位：物联网产品测试员 发展岗位：物联网产品测试工程师；物联网产品辅助设计
4	物联网应用系统的管理维护人员	初始岗位：物联网系统管理员 发展岗位：物联网系统管理工程师

● 专业特色

物联网是我国战略性新兴产业的重要组成部分，"十二五"时期是我国物联网由起步发展进入规模发展的阶段。该专业结合企业实际需求，为我国物联网进入规模发展培养具有实践经验的高级应用型人才。

● 主干课程

物联网概论、传感器技术与应用、JAVA程序设计、Android物联网应用开发、RFID技术与应用、无线传感器网技术与应用、网络管理与服务等。

● 技能训练

物联网应用实训、物联网综合应用实训、毕业综合实践。

● 资格证书

物联网开发工程师证书、物联网应用工程师证书。

● 物联网实训室

建有物联网关键技术、物联网应用等实训室，拥有物联网关键技术实训台、智能交通综合实训台（见图 4-24）、智能交通沙盘(见图 4-25)、智能农业沙盘(见图 4-26)等设备，实训室实现了真实的物联网智能控制，供师生体验学习（见图 4-27）。

图 4-24 智能交通综合实训台

图 4-25 智能交通沙盘

图 4-26 智能农业沙盘

图 4-27 走廊物联网互动体验

2．浙江经济职业技术学院

（1）学校简介

浙江经济职业技术学院是全日制省属公办高职院校，前身为浙江省物资学校（隶属于原浙江省物资局），创建于 1978 年，2002 年 1 月经浙江省人民政府批准正式升格为高职学院。2003 年 10 月，整体搬迁至杭州下沙高教园区。目前，校园占地面积 576.5 亩，建筑面积 26.3 万平方米，在校生 8 300 余人，馆藏图书总量 100 万册。中科院院士杨叔子担任学院名誉院长并设立院士奖学金。

学院主要面向现代生产性服务业开设了 29 个专业，建有 3 个中央财政专项支持的实训基地，6 个中央财政支持专业，8 个省级特色专业，9 门国家级精品课程，7 门国家精品资源共享课。学校拥有较为雄厚的专兼师资队伍，双师型专任教师比率超过 85%，近 40%教师拥有副高级以上职称，此外拥有一大批来自世界 500 强企业及其他行业企业的兼职教师。

学院办学具有强大的产业背景与行业引领性集团的支撑，与世界 500 强企业—浙江省物产集团有限公司有着紧密的产学合作关系。浙江物产在学院设立研发中心、培训中心、人才培养中心，实施物产示范生培养计划并设立物产示范生奖学金，创办了企业大学——浙江物产管理学院，与学院实行“两块牌子、一套班子”的双轨制运作机制，为浙江物产近 2 万名员工及其他行业、企业开展定时、定制、定质的规范化培训。

学院注重与国际优质高职教育品牌的合作，与新加坡管理发展学院等开展合作办学，开设了酒店管理和国际贸易中新合作班，并招收国际留学生来我院进修学习。联合国教科文组织国际职教中心授予我院 UNEVOC CENTRE AWARD 奖牌和证书，积极肯定我院在服务联合国教科文组织国际职业技术教育与培训等方面做出的成绩。

（2）学校专业介绍

查一查

浙江经济职业技术学院包括哪 7 个子学院？其中数字信息技术学院有哪五大专业？

浙江经济职业技术学院是国家骨干示范高职院校、2012 年首批获物联网应用技术专业招生资格的高职院校、浙江省物联网协会理事单位、浙江省信息化促进会物联网专委会副主任单位、中国物流与采购联合会常务理事单位、教育部—LUPA 开源软件实习实训基地。该校在计算机信息管理专业（国家骨干建设）、物流管理专业（国家骨干建设）、计算机网络技术专业（省示范建设）、计算机控制专业基础上开设物联网应用技术专业，具有强大的专业基础。

（3）物联网应用技术专业介绍

● 培养目标

本专业培养适应社会主义现代化建设需要，德智体全面发展，具有良好的职业道德、创新精神和创业能力，面向物联网行业，重点针对智能物流、智能家居等领域，掌握物联网应用技术的基础知识和基本技能，具备运用计算机技术、嵌入式系统技术、传感技术和互联网技术进行信息的感知识别、传输处理和控制的能力，能胜任物联网系统设计开发、集成测试、操作维护、营销与服务及相关领域技术的开发与推广岗位，具有物联网应用实践能力，符合市场需要的物联网产业链生产和应用的高素质技能型专门人才。

● 主干课程

主要专业课程包括：物联网技术基础、电子技术及应用、传感器应用与检测、RFID 技术应用与实践、C 语言及其应用、Linux 操作系统应用、嵌入式系统应用与实践、计算机网络技术与应用、短距离无线技术应用、路由与交换技术、综合布线技术与工程、无线传感网应用与实践、数据库操作实务、物联网案例分析及应用、物联网信息系统应用与实践、移动互联应用开发、Java 及其应用等。

● 就业岗位

主要就业于IT行业、企业（从事物联网产品研发、系统集成、产品销售等企业）物联网应用开发工程师、产品测试工程师、系统集成工程师、系统调试工程师、系统维护工程师、产品营销工程师；物流、家居、交通、农业、电力等行业、企业及相关部门，包括其他物联网相关企业、行业及相关部门的物联网应用开发工程师、产品测试工程师、系统集成工程师、系统调试工程师、系统维护工程师。

● 师资队伍

物联网专业师资团队30人，其中教授1人，副教授（高级工程师）5人，专业专职在岗教师9人，校内兼职教师14人，来自企业具有物联网前沿技术应用经验的校外兼职教师7人。专业核心团队中，浙江省教学名师1人，浙江省新世纪人才1人，浙江省优秀青年教师1人，其中3人具有5年以上的企业实践经验，本专业教师队伍具有丰富的教学实践经验，科学研究、科研成果丰硕。

● 实训室建设

现有13个校内实训室，其中自动识别技术（RFID）实训室获中央财政支持，也是浙江省射频（RFID）综合性能测试中心。物联网技术应用实训室、综合布线实训室、物联网ERP沙盘实训室、自动识别技术（RFID）实训室、智能物流实训室、自动化立体仓库、软件实训室、管理信息系统实训室、计算机维护和组装实训室、Linux专用实训室、计算机网络实训室、电子技术实训室、自动控制实训室、教育部——LUPA开源软件实习实训基地、网络通信实训室等。

可用于本专业的教学实验设备（千元以上）400台，总价值在500万元以上，包括物联网教学实验箱、物联网教学实验系统、物联网实验操作台、物联网家居模型、教学机器人、机器人及分拣系统、自动化立体仓库、电子标签货架系统、RFID射频管理系统、RFID手持终端等物联网专业设备。

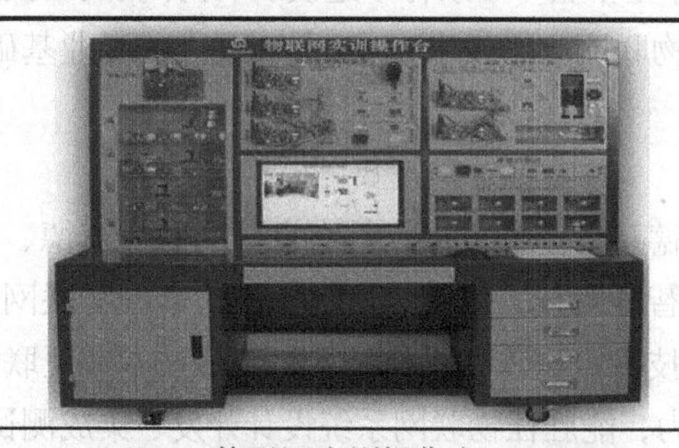

物联网实训操作台

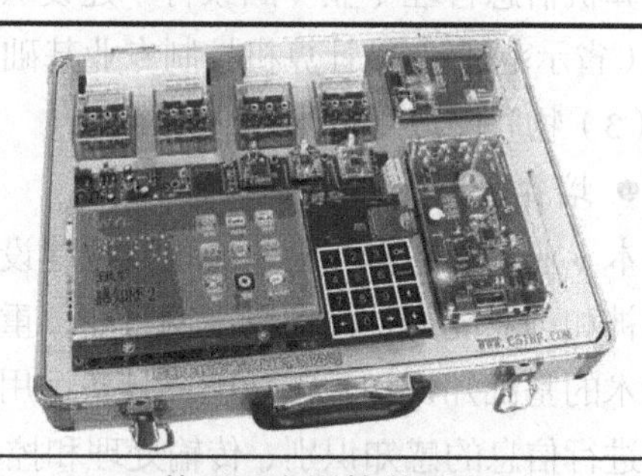

物联网实训教学系统

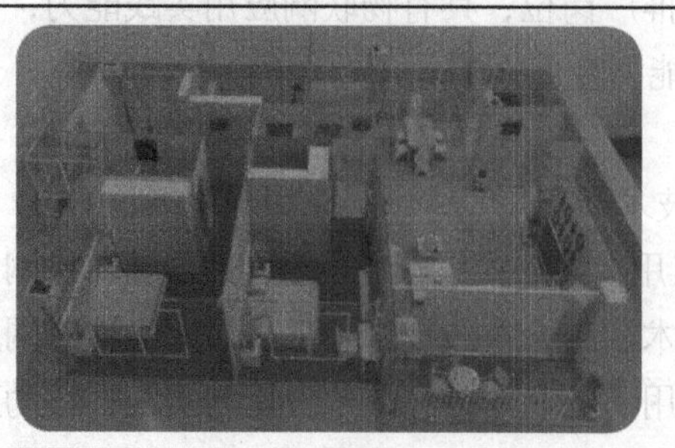

物联网家居模型

物联网智能教学系统

RFID 检测系统	机器人分拣系统

自动导引车(AGV)	辊道输送机

查一查

浙江省内高职院校开设物联网相关专业的对比，请将下表补充完整。

高职院校名称	物联网专业名称	职业面向	就业岗位
浙江交通职业技术学院			
浙江经济职业技术学院			

扩展阅读

1. 物联网专业课程体系（百度文库-文章）

http://wenku.baidu.com/view/72cd4fcce009581b6bd9ebb4.html

2. 高校“物联网专业”学什么？（新华网-文章）

http://news.xinhuanet.com/info/2013-04/09/c_132294797.htm

项目小结

小蔡同学通过对本科院校和高职院校物联网相关专业的进一步了解，尤其是对专业培养目标和就业岗位的深入认识，更加明确了以后的升学方向，扩大了选择面，为以后的升学就业打下良好的基础。

综合评价

任务完成度评价表

任务	要求	权重	分值
认识物联网知名企业	了解物联网知名企业在物联网领域的发展和创新；了解最新的物联网技术及企业对人才的需求；了解中职学生技能大赛物联网项目的总体情况	40	
认知高校物联网专业	了解本科院校和高职院校物联网专业的发展和对人才培养的要求	40	
总结与汇报	呈现项目实施效果，做项目总结汇报	20	

第五篇

创新实践

情景描述

小董同学是一位善于思考和勇于创新的学生。他在上网时，发现一个新奇的“卡片”，该“卡片”能实现一台完整计算机的功能，于是决定仔细研究下这个“神器”——Raspberry Pi（树莓派）。为何它能以如此“朴素”的风格赢得众人青睐？这一“神器”大大激发了小董的动手实践的欲望。

小董手上有台安卓手机，平时刷刷微信玩玩游戏。这学期他接触了编程课程，于是就想自己试试编写简单的安卓 APPS。他查阅了很多资料后发现正规的安卓 APPS 开发需要有 Java 基础难度较大，在和自己的编程课老师交流了自己的想法后，老师告诉他其实有一款可以用搭积木的方式开发简单安卓应用的软件叫 App Inventor，小董兴奋了一晚上没睡好，迫不及待地想试试这款软件。

小董查树莓派资料时看到有人用树莓派为主控制作了一个声控的《星球大战》上的 R2 机器人，他也想试试，但是无奈自己编程基础和硬件材料缺乏无法实现。于是他想利用自己所能找到的简单材料做起。他想到了上综合布线课时用到的 PVC 材料，能不能利用 PVC 材料制作简单的机器人呢？上网搜索后发现早已有人在用 PVC 材料制作机器人了，还取了个洋气的名字叫“PVCBOT”。

学习目标

了解树莓派的产生背景和基本配置。

能够连接树莓派使它通电开机运行，并能安装配置树莓派系统使它能正常使用。

了解 App Inventor 2 开发环境作用、功能等，掌握使用 App Inventor 2 的开发程序流程。

能够搭建 App Inventor2 开发环境，根据设计布局组件。

能够根据设计的布局添加相应的行为，保证相关的组件达到各自的功能。

能够把设计完成的项目打包上传，安装到手机上进行应用。

了解树莓派粉丝的 DIY 作品，能通过欣赏 App Inventor 和 PVCBOT 作品开阔眼界。

能够制作自己的第一个机器人，锻炼创新制作能力。

PART 1 项目一 爱上树莓派

项目目标

根据连接图能正确连接树莓派硬件，通电后正常开机，可以自行安装树莓派官方操作系统，完成有各项基本配置并使树莓派显示中文并接入互联网，有条件的可以安装“Windows10 物联网核心预览版”。前面讲到的 Arduino 开发板只是一个功能简单“单片机”，而树莓派则是一部可以运行独立操作系统的完整“计算机”，有能力的读者也可参考树莓派粉丝的作品自行设计制作“创客”作品，同时也可以将树莓派和 Arduino 结合起来，通过取长补短来打造一套完整的“物联网”生态圈。

知识准备

刚看到“树莓派”这个词，会不会认为它是一款好吃的蛋糕呢？树莓派，作为创客们的玩具，对大众而言还很陌生，它大小仅如一张信用卡。2012 年，总部位于英国牛津大学的树莓派基金会发布了一款“计算机”。严格意义来说，它只是一块包含 CPU 和内存的迷你主板：Raspberry Pi(中文名为“树莓派”，简写为 RPi，或者 RasPi/RPi)是为学生计算机编程教育而设计，只有信用卡大小的卡片式计算机，其系统基于 Linux。自问世以来，受众多计算机发烧友和创客的追捧，曾经一“派”难求。如今发展到第二版“树莓派 2”，别看其外表“娇小”，内“心”却很强大，视频、音频等功能通通皆有，可谓是“麻雀虽小，五脏俱全”，如图 5-1 所示。

图 5-1　树莓派便携计算机

图 5-1 树莓派便携计算机（续）

树莓派 2 代具体配置：主频 900MHz 的四核心 Cortex-A7 架构处理器（型号为博通 BCM2836），内置 1GB LPDDR2 内存，提供 4 个全尺寸 USB 接口（可用于供电），Micro USB 接口、HDMI 接口、3.5mm 音频接口、RJ45 以太网接口各一个。

Raspberry Pi 只有一张信用卡大小，体积大概是一个火柴盒大小，可以执行像雷神之锤 III 竞技场的游戏和进行高清影片的播放。操作系统采用开源的 Linux 系统，比如 Ubuntu，Debian、ArchLinux。据最新消息，微软宣布为树莓派 2 专门推出了 Windows 10 for Raspberry Pi 2 自带的 Iceweasel、KOffice 等软件能够满足基本的网络浏览、文字处理及计算机学习的需要。树莓派基金会提供了基于 ARM 的 Debian 和 Arch Linux 的发行版供大众下载，还计划提供支持 Python 作为主要编程语言，支持 Java、BBC BASIC(通过 RISC OS 映像或者 Linux 的“Brandy Basic”克隆)、C 和 Perl 等编程语言。

知识小链接：单片机

单片机又称单片微控制器,它不是完成某一个逻辑功能的芯片,而是把一个计算机系统集成到一个芯片上，相当于一个微型的计算机。和计算机相比，单片机只缺少了 I/O 设备。概括地讲：一块芯片就成了一台计算机。它的体积小、质量轻、价格便宜、为学习、应用和开发提供了便利条件。同时，学习使用单片机是了解计算机原理与结构的最佳选择。

单片机的使用领域已十分广泛，如智能仪表、实时工控、通信设备、导航系统、家用电器等。各种产品一旦用上了单片机，就能起到使产品升级换代的功效，常在产品名称前冠以形容词——“智能型”，如智能型洗衣机等。

项目实施

任务 1　连接使用树莓派

1．树莓派开机准备与连线

树莓派要运行起来，并能让所连接的显示设备正常显示，那么需要的部件与接口有：树莓派、SD 卡、电源线、电源（5V 2A）、网线或者无线网卡等部件，适合显示设备接口的转换器、连接线。如果显示器是 HDMI 接口，则使用 HDMI 线即可；如果显示器是 VGA 接口，则需要可以独立供电的 HDMI 转 VGA 转换器；如果显示器是 DVI 接口，则需要 HDMI 转 DVI 接口。

其中必备配件（仅能保证树莓派正常启动开机，要 Wi-Fi 上网还要加 USB 无线网卡）有以下几个。

① 电源：推荐 5v 2A。

② SD 卡：4GB 及以上，但不是随便弄个 SD 卡就可以用，会存在与树莓派兼容问题。

③ 散热片：因为树莓派有一定的散热需求，推荐两枚散热片。

树莓派物理连接实物如图 5-2 所示，树莓派的完整连线如图 5-3 所示。

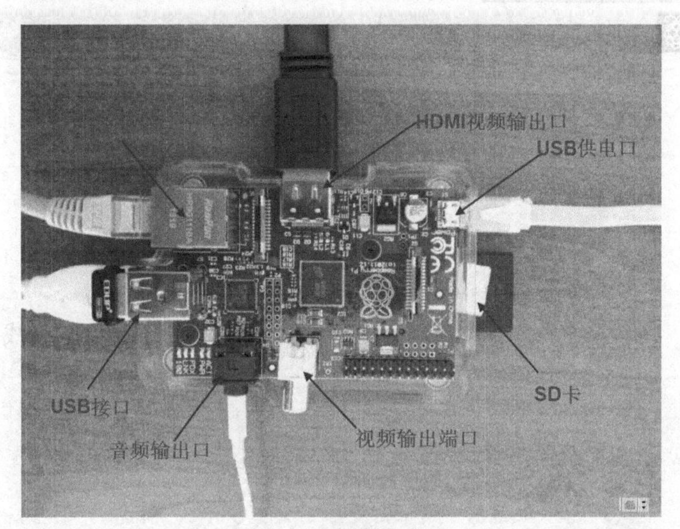

图 5-2 树莓派接线图

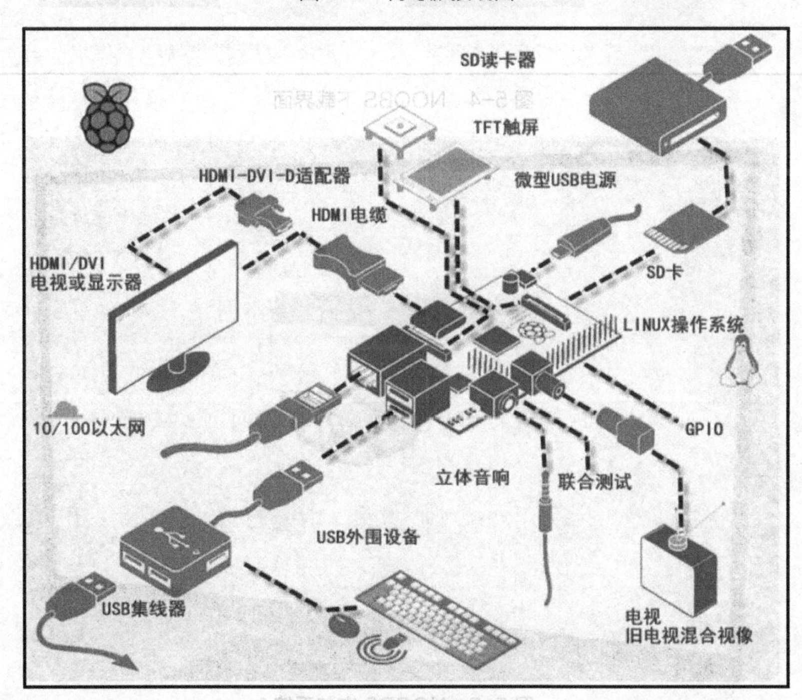

图 5-3 树莓派完整连线图

2. 使用 NOOBS 安装系统

New Out of Box Software（NOOBS）是树莓派官方发布的工具，是一种新颖的设置程序，让第一接触 Linux 和树莓派的玩家能轻松地运行上树莓派。它可以抛开各种复杂的网络和镜像安装软件，甚至可以抛开计算机安装系统，只需要一张拷入 NOOBS 文件、容量大于 4GB 的 SD 卡就可以实现（推荐使用更大容量 Class10 级别的 SD 卡，确保有更多可用空间和更高的读写速度）。下载地址：https://www.raspberrypi.org/downloads/，如图 5-4 所示，NOOBS 有“完整版”和“在线安装版”，建议读者下载“完整版”，下载后可以离线安装。如图 5-5 所示。

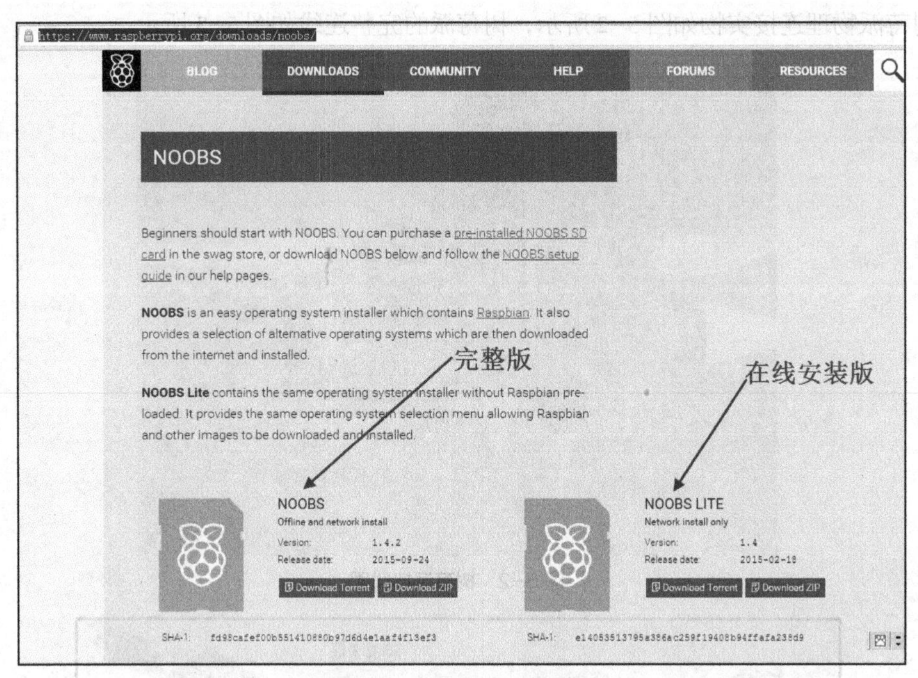

图 5-4　NOOBS 下载界面

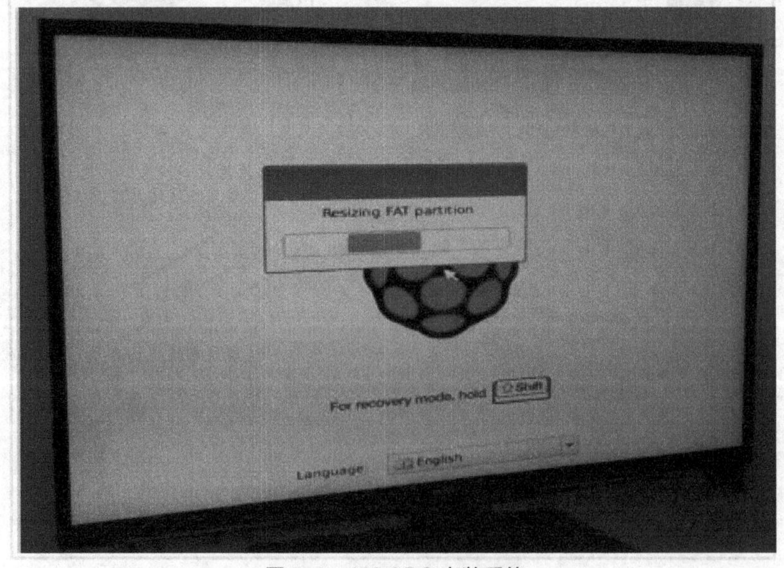

图 5-5　NOOBS 安装系统

具体步骤如下。

① 首先格式化 SD 卡（格式化为 FAT32），并下载最新版本的 NOOBS 文件。

② 然后解压 NOOBS 压缩包，将 NOOBS 文件夹的全部内容复制到 SD 卡的根目录中。

③ 将 SD 卡插入树莓派，并插上相关配件（显示器、鼠标键盘等）。

④ NOOBS 会自动将 SD 卡分区。

⑤ 然后会弹出安装窗口，可以看到目前几个主流的树莓派系统都包含在 NOOBS 文件中，无需上网，也无需其他计算机辅助，建议初学者选择 Raspbian，如图 5-6 所示。

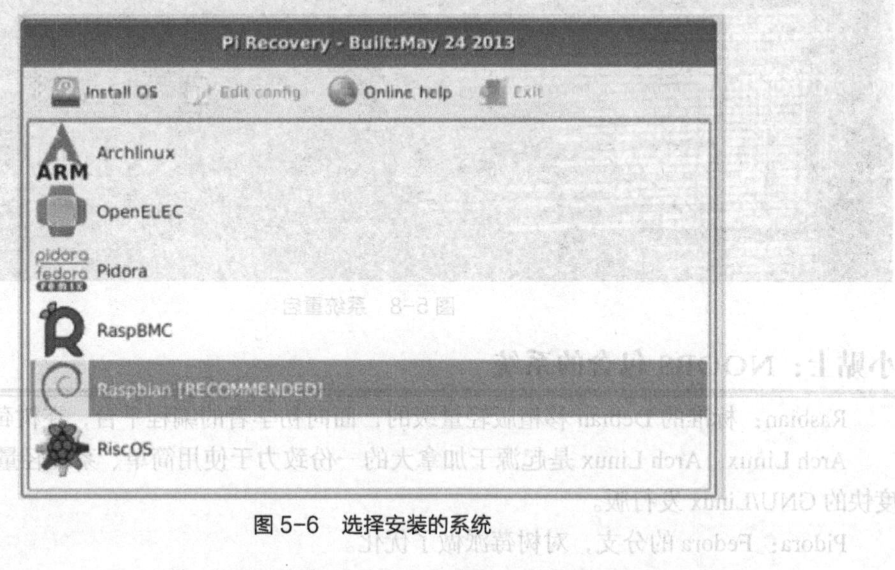

图 5-6 选择安装的系统

⑥ 按下“Install OS”，安装系统就会开始安装，如图 5-7 所示，完成后确认，Raspberry Pi 会重启，该系统完装完毕，此时树莓派就能正常启动了。如图 5-8 所示。

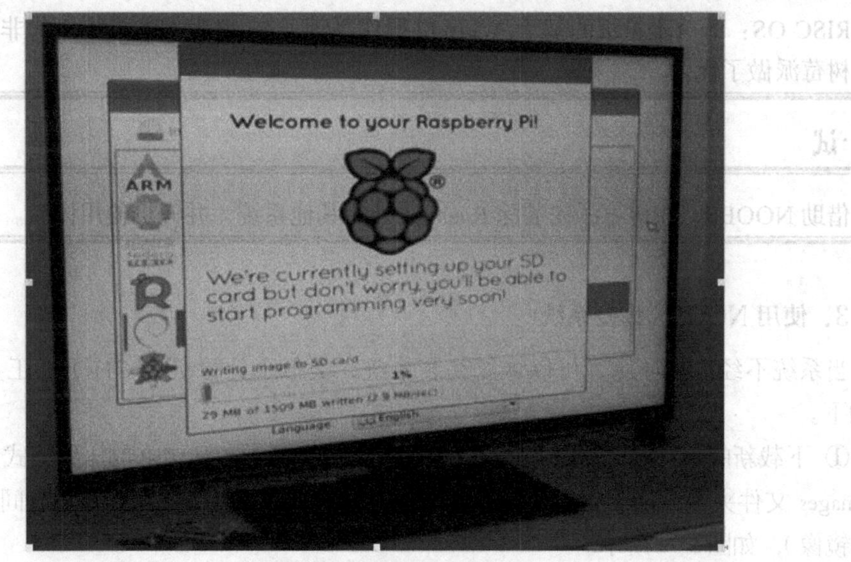

图 5-7 系统正在安装

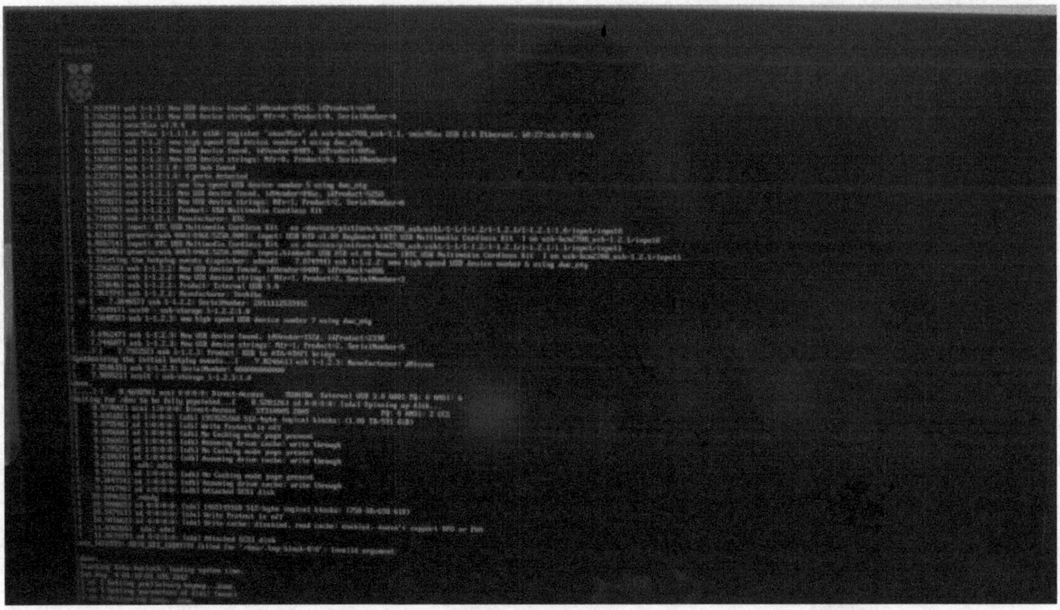

图 5-8 系统重启

小贴士：NOOBS 包含的系统

Rasbian：标准的 Debian 移植版轻量级的，面向初学者的编程平台，在树莓派中很流行。

Arch Linux：Arch Linux 是起源于加拿大的一份致力于使用简单、系统轻量、软件更新速度快的 GNU/Linux 发行版。

Pidora：Fedora 的分支，对树莓派做了优化。

OpenELEC：一种 XBMC 系统的分支。

RaspBMC：一种 XBMC 系统的分支，专门针对树莓派做了调整。

RISC OS：一个轻量级的基于 Acorn 的操作系统，在 20 世纪八九十年代非常活跃，专门针对树莓派做了优化。

试一试

借助 NOOBS，在树莓派安装除 Rasbian 外的其他系统，并开机使用体验。

3. 使用 NOOBS 恢复系统

当系统不经意损坏后，可以恢复初装系统，类似于计算机上 GHOST 工具的功能，步骤如下。

① 下载新的系统镜像压缩包（NOOBS 目前只支持.XZ 和.ZIP 的压缩格式），拷入 SD 卡的 images 文件夹中，修改文件名，替换为所要更新的系统镜像（为了节省空间，可以删除不用的镜像），如图 5-9 所示。

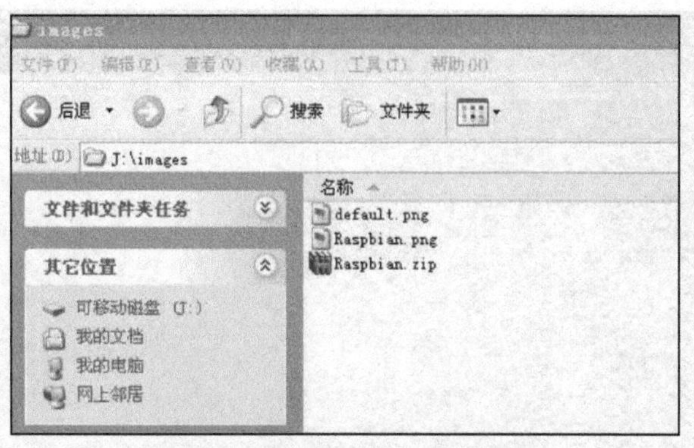

图 5-9　SD 卡 images 文件夹

② 按住键盘的 Shift 键，启动树莓派，进入恢复模式，如图 5-10 所示。

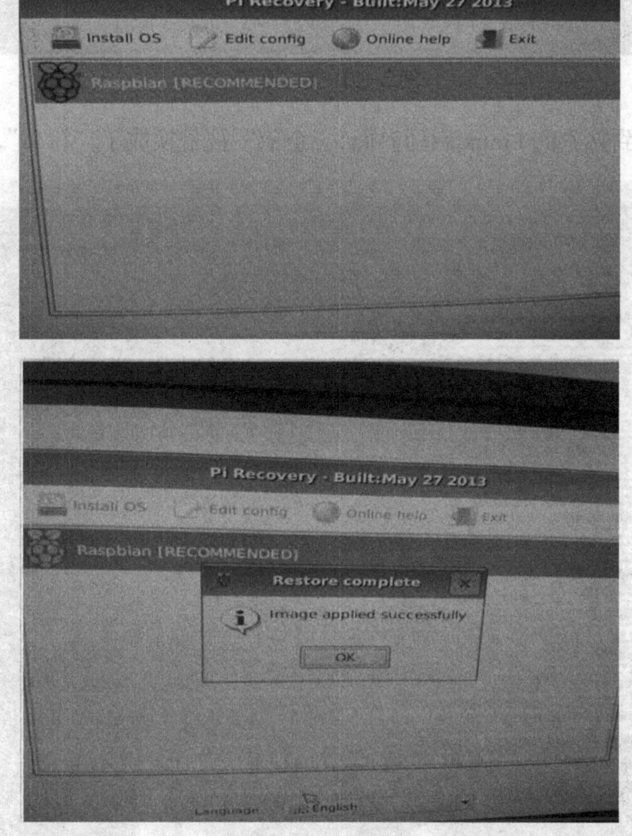

图 5-10　恢复模式

4．树莓派系统初始配置

系统安装完成通电后，如果电源灯旁边的绿灯(OK)会闪动，就说明 SD 卡是可用的。此时显示器会呈现启动画面，如图 5-11 所示。

图 5-11 启动画面一

紧接着，会看到熟悉的 Linux 启动界面，“企鹅”被替换成了“树莓”，如图 5-12 所示。

图 5-12 启动画面二

在首次启动中将会出现系统初始配置界面，如图 5-13 所示，这个界面也可以在之后的终端窗口中通过 sudo Raspi-config 激活。

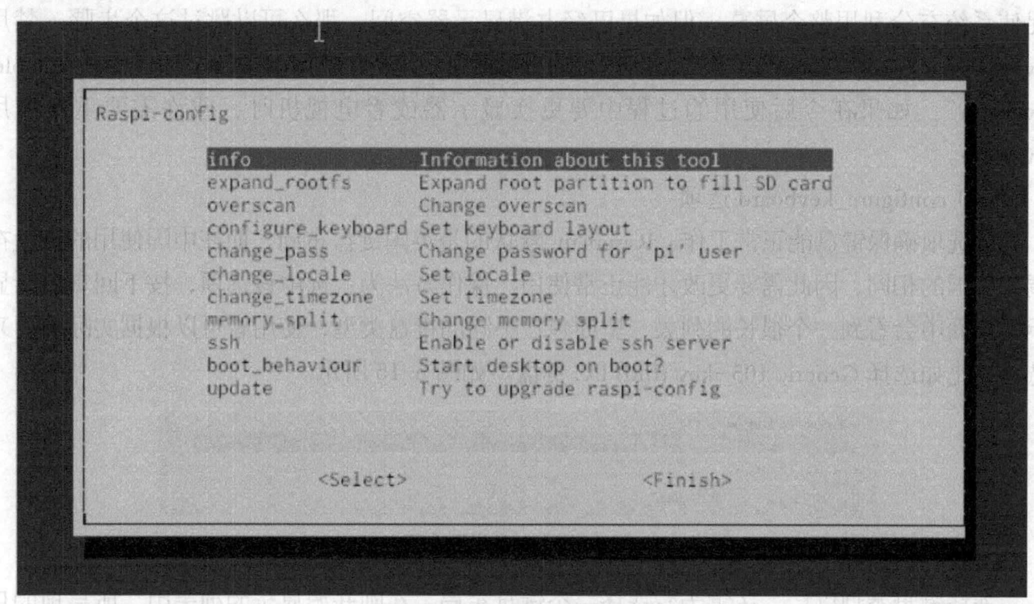

图 5-13　配置画面

Raspbian 的各种软件的安装是需要网络连接支持的，所以建议在网络环境中一定要启动 DHCP，也就是能自动获取 IP 的网络环境。需要用到的选项功能说明如下。

（1）expand_rootfs 选项

它的作用是将刚才写入到 SD 卡中的映像文件大小扩展到整张 SD 卡中。如果使用的是一张较大的 SD 卡（如 16GB），可以充分利用上面的空间。因为原本的映像只有大约 2GB 的大小，进行该操作就能将它扩展到与 SD 卡同样的大小。选中 expand_rootfs 选项，然后按下回车，就会看到图 5-14 的提示，再按一下回车就可以回到 raspi-config 的主菜单。

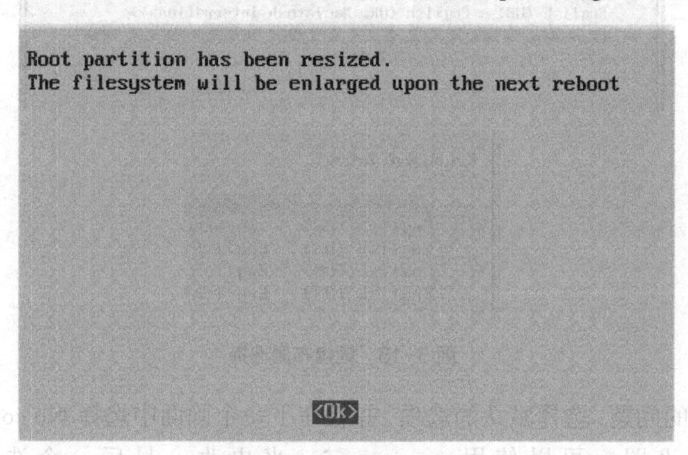

图 5-14　expand_rootfs

（2）overscan 选项

刚开机时，如果屏幕显示的图像并没有完全占满显示器空间，可以将 overscan 禁用掉来促使系统充分利用整个屏幕。但如果已经占满显示器空间，那么可以跳过这个步骤。禁用 overscan：选中 overscan 选项，按下回车，此时的画面呈现为“禁用(Disable)”和“启用(Enable) overscan”。如果在今后使用的过程中要更换显示器或者电视机时，或许需要重新启用 overscan。

（3）configure_keyboard 选项

该选项确保键盘能正常工作。Raspbian 默认的是英国键盘布局，而在中国使用的键盘布局与美国的相同，因此需要更改才能正常使用。操作方法为：选中该选项，按下回车后所显示的画面中会看到一个很长的列表，里面包含不同的键盘类型，使用者可以根据实际需要来选择，比如选择 Generic 105-key (Intl) PC 键盘。如图 5-15 所示。

图 5-15　键盘类型选择

选择键盘类型以后，还需为它选择一个键盘布局。在刚开始显示的列表中，所呈现的只有英国的键盘布局，现在要选择美国的键盘布局，因此选中其他(Other)，然后在里层的列表选择 English (US)。如图 5-16 所示。

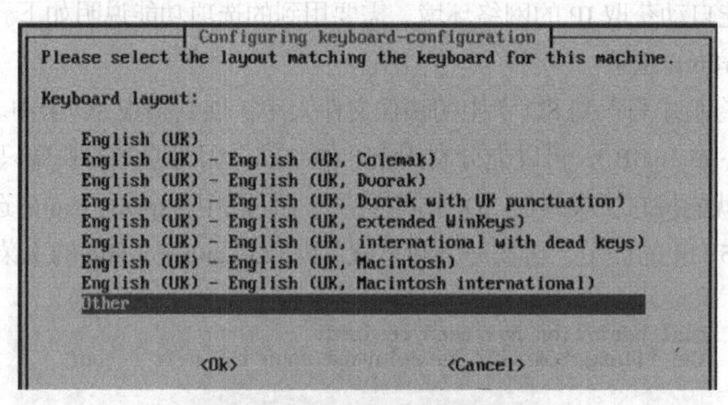

图 5-16　键盘布局选择

关于辅助键的问题，选择默认的选项，并且在下一个画面中选择 No compose key 选项。需要更改这个设置，可以使用 raspi-config 来更改。最后一个选项为是否打开 Ctrl+Alt+Backspace 的组合键，它可以在图形界面崩溃时，不需重启而将图形界面进程结束掉。

（4）change_pass 选项

该选项用于设置一个用户密码，默认的用户名是 pi，密码是 raspberry。一般登录时不需要输入，只有在 ssh 远程连接时要用到这个用户名和密码。更改密码回车后，弹出确认窗口，该窗口的下方会提示要求输入新的 UNIX 用户密码，如图 5-17 所示。

```
Enter new UNIX password:
```

图 5-17 修改用户密码

（5）change_locale 选项

该选项用于更改语言设置。在 Locales to be generated: 提示中，选择 en_US.UTF-8 和 zh_CN.UTF-8。在 Default locale for the system environment:提示中，选择 en_US.UTF-8（在机器启动完毕，中文字体安装完成，再改回 zh_CN.UTF-8，否则在第一次启动时会出现方块）。

（6）change_timezone 选项

该选项用于更改时区。因为树莓派没有内部时钟，是通过网络获取时间，如果设错时区，那么时间就不正确了。请选择 Asia – Shanghai，缩写是 CST。

（7）memory_split 选项

当前这个功能有 Bug，选中该选项会导致/boot/start.elf 损坏而使系统无法启动，所以禁止使用这个功能。

（8）ssh 选项

该选项的作用为：是否激活 sshd 服务。应该选择激活，这是当界面卡死后唯一进入机器的通道（如果 Kernel 没死的话）。可以找另外一部机器，用 putty 或者其他 ssh 的工具连接到这部机器上，用 pi 这个用户登录，至少可以实现安全重启。

（9）boot_behaviour 选项

设置启动时启动图形界面，如果需要开机就进入图形界面的话就选 yes。

（10）update 选项

该选项为更新软件。

再次回到主菜单，剩下还没操作过的选项可以忽略，直接点击完成(Finish)。此时系统会提示一些变更需要重启才能生效，重启以后，将会看到一个登录界面，如图 5-18 所示：

```
My IP address is 192.168.11.22

Debian GNU/Linux wheezy/sid raspberrypi tty1

raspberrypi login:
```

图 5-18 登录界面

在登录界面中，输入的用户名为“pi”，密码为刚才设置的 UNIX 用户密码。默认密码是“raspberry”，正确输入后进入图 5-19 所示界面。

```
Debian GNU/Linux wheezy/sid raspberrypi tty1

raspberrypi login: pi
Password:
Last login: Tue Aug 21 21:24:50 EDT 2012 on tty1
Linux raspberrypi 3.1.9+ #168 PREEMPT Sat Jul 14 18:56:31 BST 2012 armv6l

The programs included with the Debian GNU/Linux system are free software;
the exact distribution terms for each program are described in the
individual files in /usr/share/doc/*/copyright.

Debian GNU/Linux comes with ABSOLUTELY NO WARRANTY, to the extent
permitted by applicable law.

Type 'startx' to launch a graphical session

pi@raspberrypi ~ $
```

图 5-19　登录后界面

在命令行中输入“startx”进入图形界面，这个界面称为“窗口管理器”。屏幕快速闪烁几次后，将会看到图 5-20 所示界面。

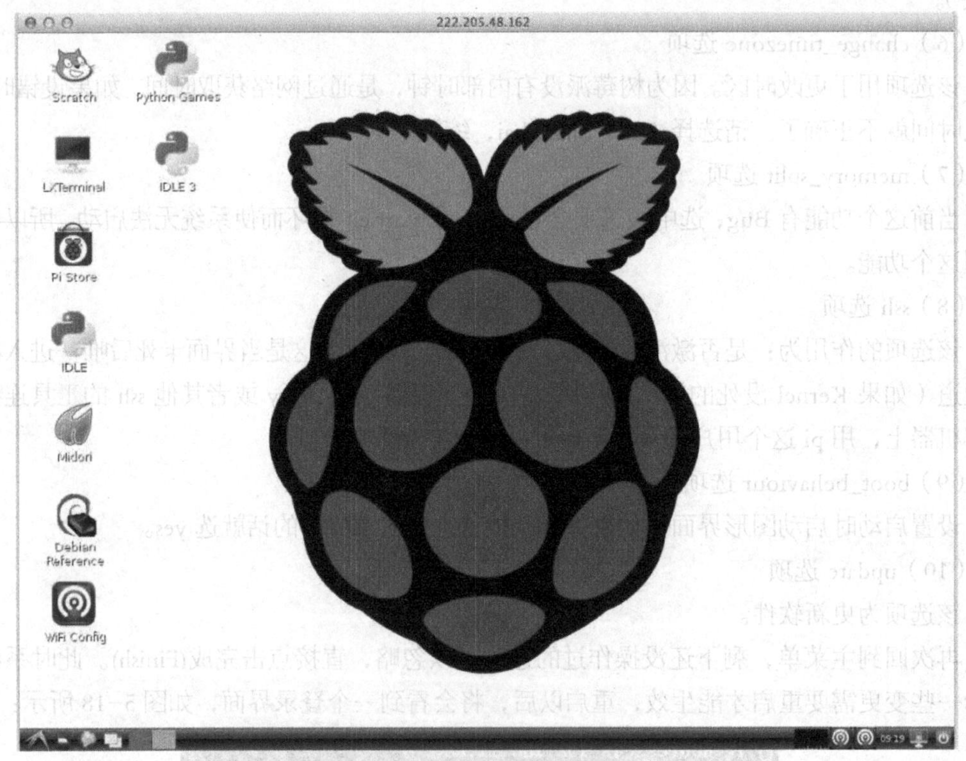

图 5-20　LXDE 窗口管理器界面

当 Pi 配置完成，并且打开了 LXDE 窗口管理器后，就会得到了一台运行完整 Debian 的 Linux 机器了。

任务 2　让树莓派占领客厅

XBMC 是 Linux 的媒体中心版，XBian 就是 XBMC 和 Raspbian 结合的产物，作为播放器应用，它使用更加方便，支持的文件格式更多，尤其是能支持外置字幕。在使用 NOOBS 安装系统时选择“RaspBMC”即可安装树莓派版的 XBMC 系统。

XBMC 是一个媒体中心，可以看电影，可以听歌，可以看图片，可以看天气预报。界面炫酷，支持键盘鼠标操作，有大神扩充功能，用家里的遥控器就能进行操作，完全可以成为一个家庭媒体中心。它里面有许多扩展插件，可以增加国内几大视频网站，比如优酷、土豆、奇艺、迅雷看看、腾讯视频等，它可以完全取代机顶盒来占领家庭客厅。效果如图 5-21 至图 5-24 所示。

图 5-21 XBMC（1）

图 5-22 XBMC（2）

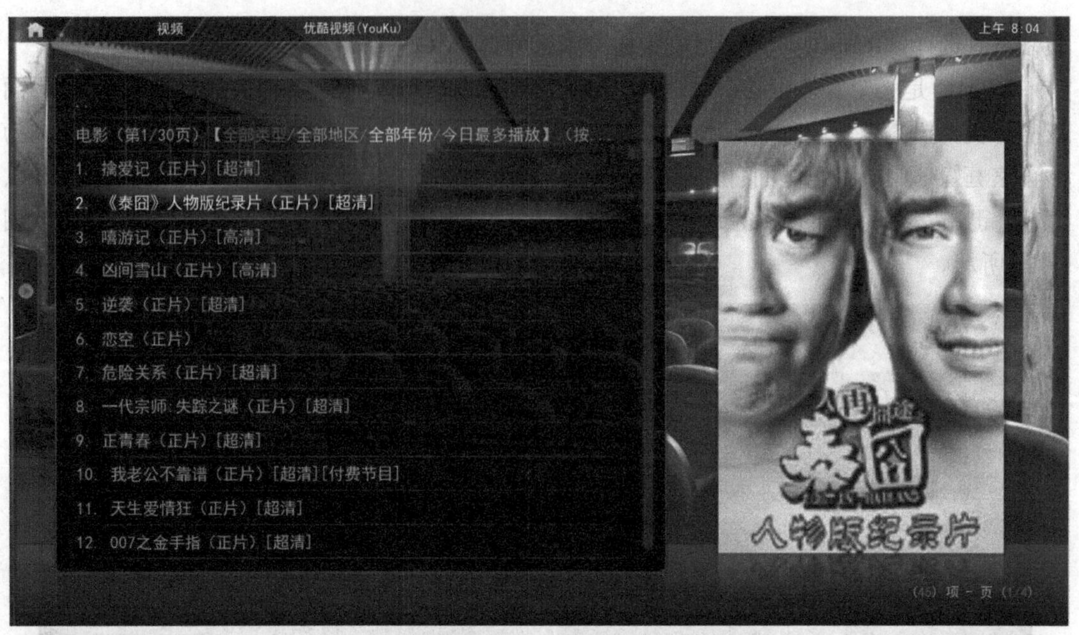

图 5-23　XBMC（3）

图 5-24　XBMC（4）

任务 3　与树莓派沟通顺畅

在安装完 Rasbian 系统后，做如下设置可以让树莓派能更好地跟人们"沟通"。

1．安装无线网卡

有线网络会受到网线的范围限制。现在无线网络已经非常的普及，通过一个无线网卡与无线路由器链接起来更加无拘无束，下面介绍无线网络的配置。

（1）无线网卡驱动的确认

树莓派内置了很多无线网卡的驱动，大家可以在这个网站查找所支持的型号。

http://elinux.org/RPi_VerifiedPeripherals#USB_Wi-Fi_Adapters

8188CUS(网卡芯片)的验证支持，验证方法如下。

将USB无线网卡插入树莓派USB接口（旧版系统会自动重启，新版不会），敲入：

```
$lsusb:
Lsusb
Bus 001 Device 002: ID 0424:9514 Standard Microsystems Corp.
Bus 001 Device 001: ID 1d6b:0002 Linux Foundation 2.0 root hub
Bus 001 Device 003: ID 0424:ec00 Standard Microsystems Corp.
Bus 001 Device 004: ID 0bda:8176 Realtek Semiconductor Corp. RTL8188CUS 802.11n WLAN Adapter
```

或者敲入：

```
$ifconfig:
  wlan0   Link encap:Ethernet   HWaddr 00:0b:81:87:e5:f9
  UP BROADCAST MULTICAST  MTU:1500  Metric:1
  RX packets:0 errors:0 dropped:3 overruns:0 frame:0
  TX packets:0 errors:0 dropped:0 overruns:0 carrier:0
  collisions:0 txqueuelen:1000
  RX bytes:0 (0.0 B)  TX bytes:0 (0.0 B)
```

此时说明树莓派支持无线网卡，可进行下一步设置。

（2）无线网卡的配置

使用vi打开以下文件进行修改：

```
sudo nano /etc/network/interfaces
auto lo
iface lo inet loopback
iface eth0 inet dhcp
allow-hotplug wlan0
iface wlan0 inet static
wpa-ssid 你要连接的Wi-Fi ssid
wpa-psk 你的wpa连接密码
address 192.168.1.106 # 设定的静态IP地址
netmask 255.255.255.0         # 网络掩码
gateway 192.168.1.1  # 网关
network 192.168.1.1     # 网络地址
#wpa-roam /etc/wpa_supplicant/wpa_supplicant.conf
iface default inet dhcp
```

保存退出即可。

知识小链接：vi 编辑器

vi 编辑器是 Visual interface 的简称，通常称之为 vi。它在 Linux 上的地位就像 Edit 程序在 DOS 上一样。它可以执行输出、删除、查找、替换、块操作等众多文本操作，而且用户可以根据自己的需要对其进行定制，这是其他编辑程序所没有的。

vi 编辑器并不是一个排版程序，它不像 Word 或 WPS 那样可以对字体、格式、段落等其他属性进行编排，它只是一个文本编辑程序。它没有菜单，只有命令，且命令繁多。vi 有 3 种基本工作模式：命令行模式、文本输入模式和末行模式。

vi 的基本操作如下。

（1）进入 vi

在系统提示符号输入 vi 及文件名称后，就进入 vi 全屏幕编辑画面：

$ vi myfile

不过有一点要特别注意，就是在进入 vi 之后，是处于命令行模式（command mode），只有切换到插入模式（Insert mode）才能够输入文字。初次使用 vi 的人都会想先用上下左右键移动光标，结果一直无法正常使用。所以进入 vi 后，先不要乱动，转换到插入模式（Insert mode）后再操作。

（2）编辑文件

在命令行模式（command mode）下按一下字母 i 就可以进入插入模式（Insert mode），这时候你就可以开始输入文字了。

（3）Insert 的切换

当前处于插入模式（Insert mode），只能一直输入文字，如果发现输错了字，想用光标键往回移动，将该字删除，需要先按一下 Esc 键转到命令行模式（command mode）再删除文字。

（4）退出 vi 及保存文件

命令行模式下保存并退出：输入 ZZ

在命令行模式（command mode）下，按一下“:”冒号键进入 Last line mode，如：

: w filename （输入 w filename 将文章以指定的文件名 filename 保存）

: wq (输入 wq，存盘并退出 vi)

: q! (输入 q!，不存盘强制退出 vi)

:x (执行保存并退出 vi 编辑器)

2．Windows 的远程桌面连接树莓派

在 raspbian 下面安装 xdrp 服务，输入命令：sudo apt-get install xrdp，此时就可以用 Windows 的远程桌面来连接树莓派了。

第一步：通过任务栏的“开始->程序->附件->远程桌面连接”来启动登录程序（命令行运行：mstsc）。

第二步：确保计算机和树莓派在一个局域网内。在登录界面中的“计算机”处输入已开启了远程桌面功能的树莓派所对应的 IP 地址。如图 5-25（a）上图所示。单击“连接”按钮。

第三步：输入 pi 的用户密码后单击“OK”按钮，如图 5-25（a）下图所示，成功登录到该树莓派，登录成功后进入图 5-25（b）所示界面。

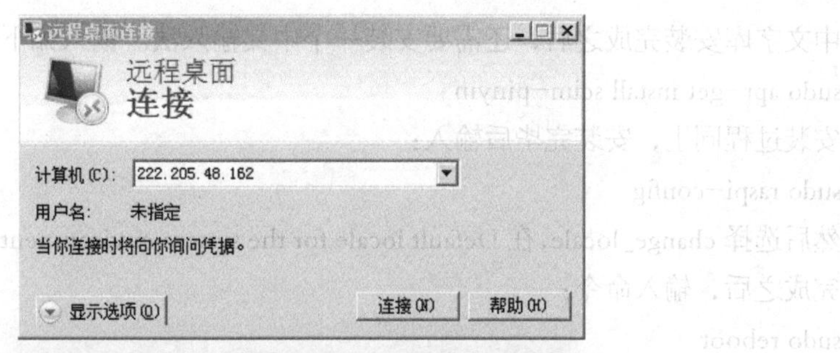

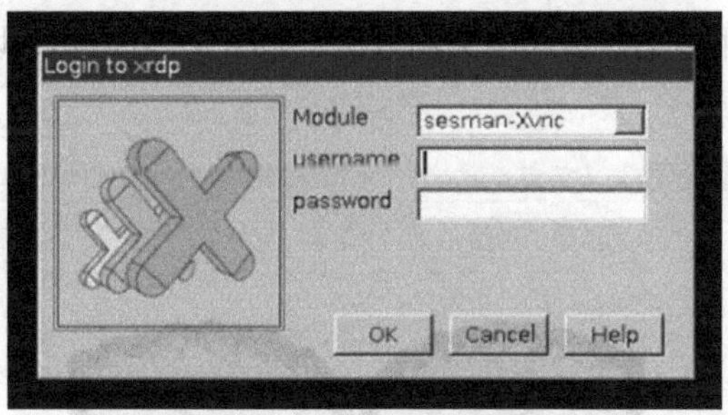

图 5-25（a） 远程桌面连接

图 5-25（b） 远程桌面连接

3．让树莓派显示中文

树莓派默认是采用英文字库的，而且系统里没有预装中文字库，所以即使在 locale 中改成中文，也不会显示中文，只会显示一堆方块。因此需要我们手动来安装中文字体。在 ssh 方式中输入以下命令：

sudo apt-get install ttf-wqy-zenhei

安装过程中如果碰到(Y/N)，都选择 Y。

中文字库安装完成之后，还需要安装一个中文输入法。输入如下命令：

sudo apt−get install scim−pinyin

安装过程同上，安装完毕后输入：

sudo raspi−config

然后选择 change_locale，在 Default locale for the system environment:中选择 zh_CN.UTF−8，配置完成之后，输入命令：

sudo reboot

重启完成后，可使用中文显示和中文输入法，如图 5−26 所示，切换中文输入法一样也是 Ctrl+Space 组合键。

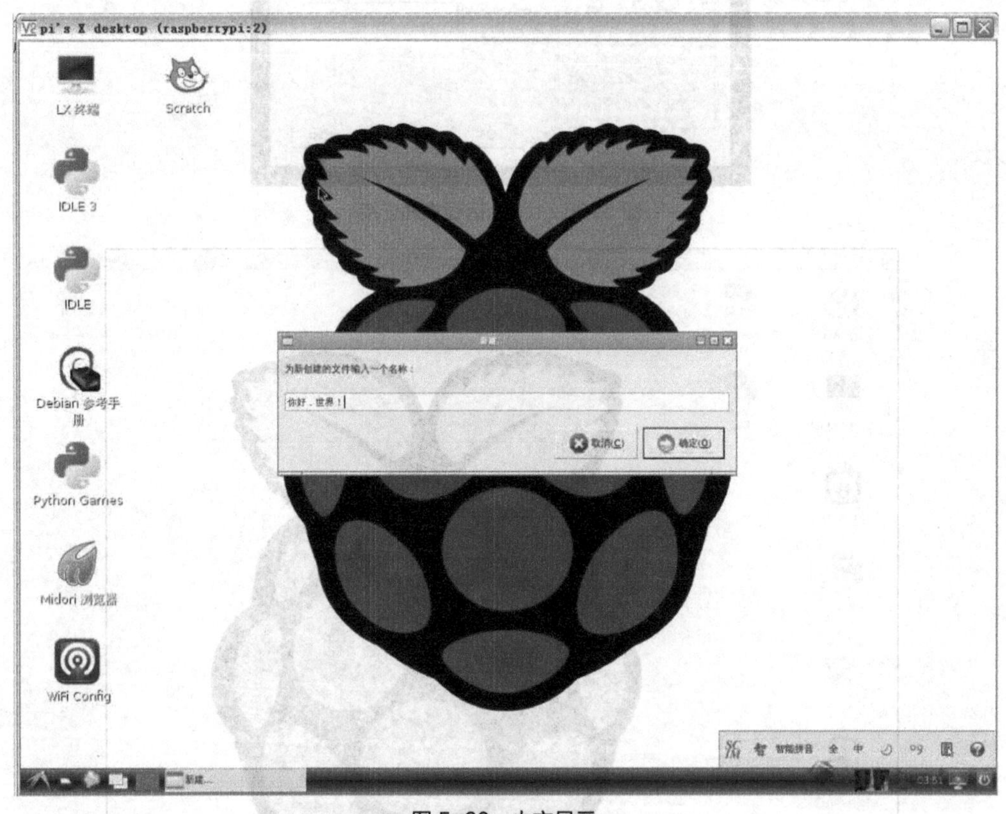

图 5−26　中文显示

知识扩展：树莓派 DIY 作品欣赏

虽然树莓派本身运算功能不算强大，但顽强的人们正拿着各种各样的外设跟它拼在一起创造出各种强大的设备。

1．四旋翼飞行器

这是采用树莓派计算机控制的旋翼飞行器。它可以装备智能手机用的那种微型摄像头，相对普通旋翼飞行器+相机的航拍组合，不仅成本更低，而且能够实现更复杂的功能，比如航拍录像或者实时航拍影像无线传输。也就是说，这玩意简直就是未来战争片中那些微型侦察机/间谍机，如图 5−27 所示。

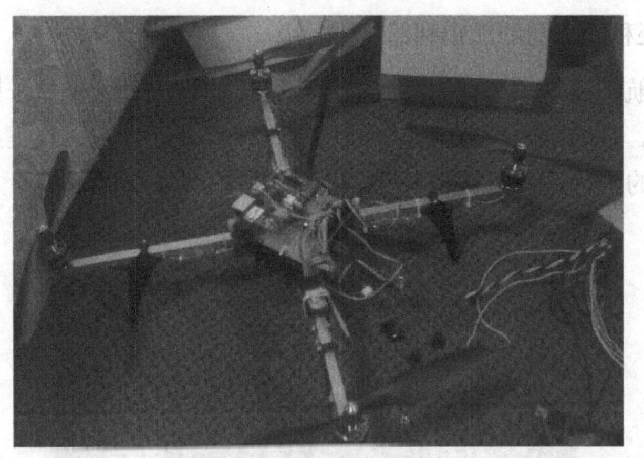
图 5-27 四旋翼飞行器

2．自制笔记本计算机

把树莓派跟 LCD 液晶面板连上，再加上鼠标键盘和电源，套上一个漂亮的壳子，就变成一个简易自制笔记本了，如图 5-28 所示。

图 5-28 自制笔记本

3．看起来不牛但实际很强：超级计算机

市售的树莓派机箱一般不便宜，而部分玩家的想象力总是超乎想象：用乐高积木做树莓派机箱。而且顺便也玩起了高端“积木”技术，把几十台树莓派给联合成了一台超级计算机。这恐怕是史上最便宜、最低功耗的超级计算机了，如图 5-29 所示。

图 5-29 超级计算机

4．不仅会飞还秒杀火箭的航拍利器

氢气球近太空航拍器是一个把树莓派挂上飞行器的设施，这个盒子里装有树莓派计算机和一些高度传感器，它的主要任务就是，乘着氢气球直奔近太空，收集点数据，拍照后再回来。大家会担心它的可行性，但实际上已经做到了，如图 5-30 所示。

图 5-30　氢气球近太空航拍器

5．专业应用：廉价数据包分析器

这个是玩家把树莓派嵌入到了排插里面，并把网络接口一分为二，实现一个输入和一个输出，这样的设计可以用来作路由器等网络终端，但制作者的想法是，用这个东西监控另一台计算机的网络数据包，以便进行软件破解、网络优化之类操作，如图 5-31 所示。

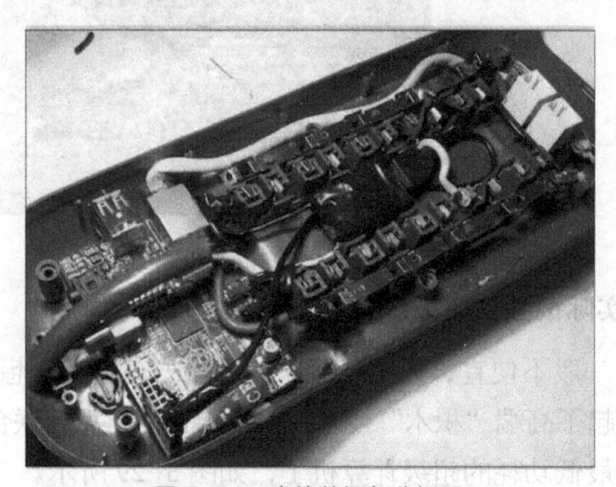

图 5-31　廉价数据包分析器

扩展阅读

1. 遇见树莓派（爱板网–使用教程） http://www.eeboard.com/bbs/forum.php?mod=viewthread&tid=41533&page=1#pid332756	
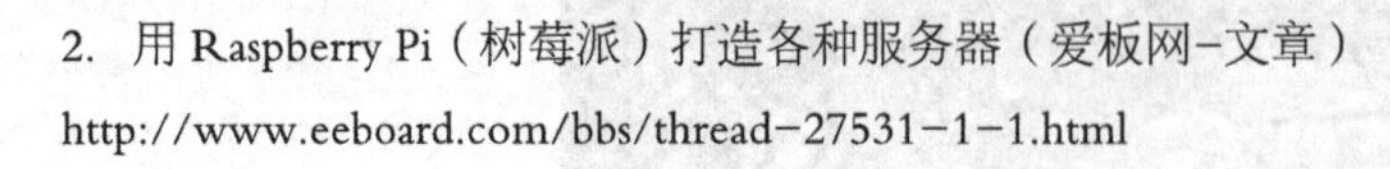 2. 用 Raspberry Pi（树莓派）打造各种服务器（爱板网–文章） http://www.eeboard.com/bbs/thread-27531-1-1.html	

3. 树莓派上的软件安装和卸载命令汇总（树莓派实验室-文章） http://shumeipai.nxez.com/2015/01/03/raspberry-pi-software-installation-and-uninstallation-command.html	
4. 在树莓派 2 上安装 Windows 10（树莓派实验室-文章） http://shumeipai.nxez.com/2015/04/30/raspberrypi-setup-windows10.html	
5. 树莓派应用（极客范—文章） http://www.geekfan.net/category/hardware/raspberry-pi-hardware/	

项目小结

通过该项目的实施，小董同学能根据连接图正确连接树莓派硬件，安装树莓派官方操作系统，完成各项基本配置并使树莓派显示中文并接入互联网，通过资料的阅读和网络资源的搜索学习开阔了眼界，增强了创新意识和创作动力，提高了动手实践的能力。

PART 2 项目二 玩转 Android App

项目目标

能够在自己的计算机上搭建 App Inventor2 开发环境，熟悉“三大作业面”，会根据需求选择相应的开发“组件”，熟悉程序“积木块”拼接逻辑；能够把设计完成的项目打包上传，安装到手机上进行应用，也可以将自己开发的应用程序上传至安卓商店供网友下载使用。

知识准备

App Inventor 2 是一个可视化、可拖拽的编程工具，用于 Android 平台上构建移动应用。利用基于 Web 的图形化的用户界面生成器，可以设计应用的用户界面（外观），然后像玩拼图玩具一样，将“块”语言拼在一起来定义应用的行为。

App Inventor2 的开发环境搭建是一个比较简单的过程，可以在 Windows XP 版本以上的操作系统中搭建 App Inventor2 开发环境。这里以目前主流的 Windows 7 系统为例，搭建 App Inventor2 的环境。

1．下载 AI2 完美离线仿真套件

“AI2 完美离线仿真全套打包下载”压缩包已经将 App Inventor2 开发所需要的软件全部做好，可以通过网络下载 App Inventor2 开发安装包。

如图 5-32 所示，下载完这个压缩包后，首先应该将其解压；打开文件夹后会看到有一个子文件夹“战鹰 AI2”，还有 2 个安装文件，分别为“AppInventor_Setup_Installer_v_2_2”和“MIT AI2 Companion 2.12”，如图 5-33 所示。

图 5-32 “AI2 完美离线仿真全套打包下载”压缩包

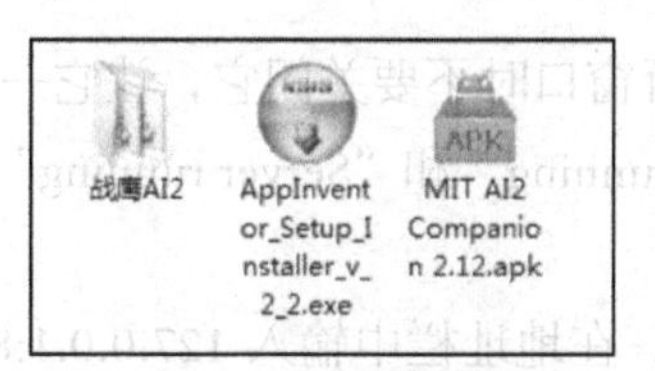

图 5-33　解压后文件夹

2．安装浏览器与 AppInventor_Setup_Installer_v_2_2

开发时建议使用具有谷歌内核的浏览器，强烈推荐下载 Google 浏览器。当浏览器准备就绪后，需要安装 AIstrater 即“AppInventor_Setup_Installer_v_2_2”。这是用来开启 emulator 仿真器和连接手机仿真所必需的工具，安装时切记不要改变安装目录，即安装到默认目录。安装完成桌面上会有相关图标，如图 5-34(a)和(b)所示。

图 5-34（a）　谷歌浏览器图

图 5-34（b）　安卓模拟器

小贴士

App Inventor 是 Google 实验室打造的一款在线开发工具。在 2012 年 1 月 App Inventor 的服务转到了 MIT（麻省工学院），现在项目主要由 MIT 移动中心负责维护，官方网站：http://appinventor.mit.edu。

3．搭建虚拟服务器环境

打开“战鹰 AI2”文件夹，会看到有很多文件，主要关注该文件包的最后 3 个 cmd 命令行文件，如图 5-35 所示。

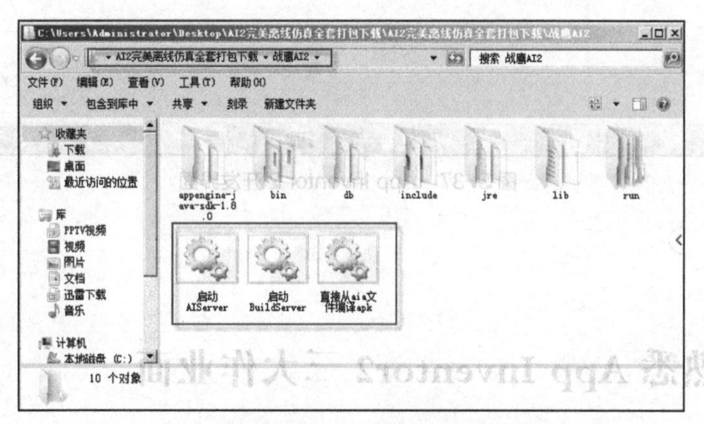

图 5-35　cmd 命令行文件

双击“启动 AIServer”和“启动 BuildServer”两个用来搭建虚拟服务器环境可执行文件，搭建后可以脱离网络（App Inventor 是在线开发工具）进行离线开发。

当看到这两个黑色的命令行窗口时不要关闭它，让它一直运行，当看到这两个窗口分别运行到“Dev App Server is now running”和“Server running”时，表示虚拟服务器环境已经搭建完成了。

这时，打开 Google 浏览器，在地址栏中输入 127.0.0.1:8888,然后回车，浏览器将会出现一个 login 界面，单击 login，如图 5-36 所示，进入 App Inventor2 的开发界面，如图 5-37 所示。

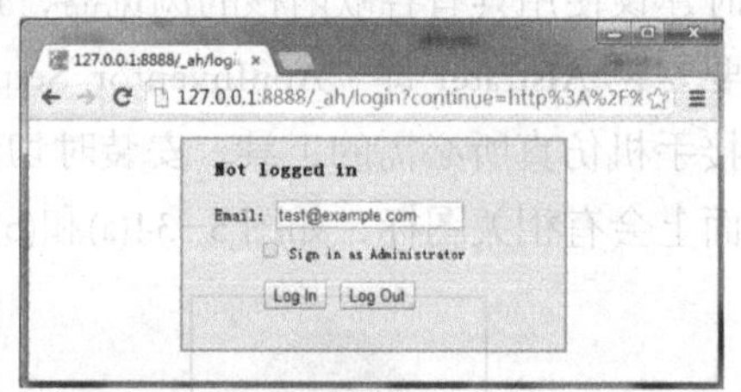

图 5-36　浏览器输入 IP 地址和登录虚拟服务器

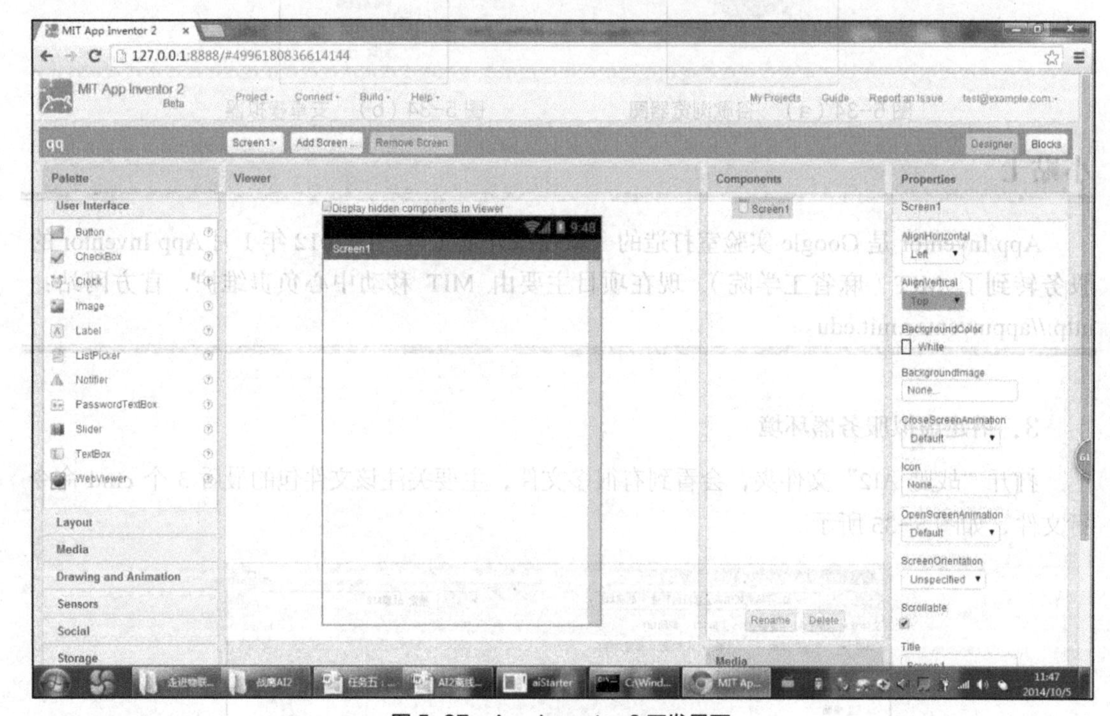

图 5-37　App Inventor 2 开发界面

项目实施

任务 1　熟悉 App Inventor2 三大作业面

App Inventor2 开发工作主要集中在 Designer、Blocks 和 Emulator 3 个板块上，它们很好地实现了数据和表示的分离。

1. App Inventor Designer（设计师）

Designer 主要完成界面设计，所有开发中需要的组件（可以相互调用的功能独立的基本功能模块）如图 5-38 所示。根据设计可以将①调色板 Palette 中组件拖入到②预览器 Viewer 中，并通过③属性窗格 Properties 中设置组件的属性功能。

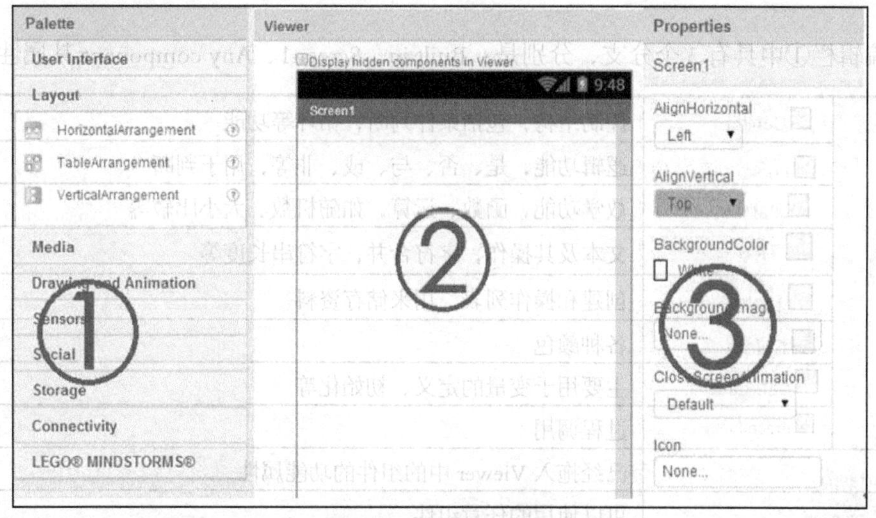

图 5-38 设计模式界面

2. App Inventor Block2 Editor（块编辑器）

该编辑器主要是通过定义修改程序内置“积木块”的属性方法和值，再将“积木块”拼接方式定义程序的执行动作。通过点击开发界面右上角的“Blocks”和“Designer”按钮可以在“设计”和“拼块”之间切换，如图 5-39 所示。

图 5-39 “设计”和“拼块”之间切换

图 5-40 所示的就是块编辑界面。其中①“块编辑栏”中具有所有能控制的组件的代码拼块图，可以将其中的图块拖到②之中，进行组合。对于不想要②区域中的组件图块，可以直接拖到③垃圾桶中删除。

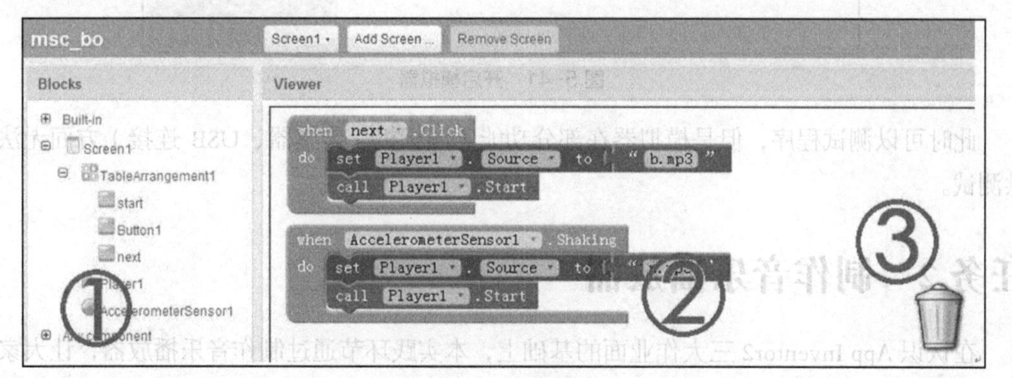

图 5-40 块编辑界面

小贴士

当编程时程序基本一致时可使用 Ctrl+C 组合键、Ctrl+V 组合键（复制粘贴方式）复制完成后再进行修改可以简化操作。

块编辑栏①中具有 3 个分支，分别是：Built in、Screen1、Any component,其属性见下表。

⊟ Built-in	Control	控制结构，包括条件判断，循环等功能
	Logic	逻辑功能，是、否、与、或、非等，用于判断
	Math	数学功能，函数、运算，如随机数、大小比较等
	Text	文本及其操作，字符合并，字符串长度等
	Lists	创建和操作列表，用来储存资料
	Colors	各种颜色
	Variables	主要用于变量的定义、初始化等
	Procedures	过程调用
⊞ Screen1		已经拖入 Viewer 中的组件的功能属性
⊞ Any component		可以使用的任意组件

3. Emulator Android Phone（模拟器）

在连接并将应用下载到 Android 设备之前，可先用模拟器来进行测试。单击主界面上的“Connect”下拉按钮，选择其中的“Emulator”项，单击即可打开模拟器展示项目的仿真演示，如图 5-41 所示。

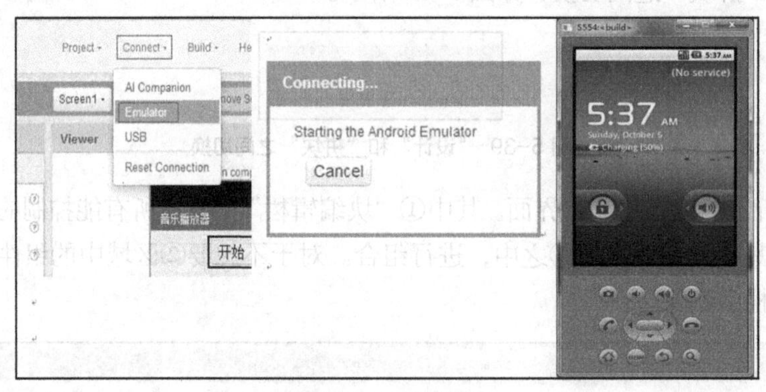

图 5-41　开启模拟器

此时可以测试程序，但是模拟器在部分功能（照相机、传感器、USB 连接）方面无法提供测试。

任务 2　制作音乐播放器

在认识 App Inventor2 三大作业面的基础上，本实践环节通过制作音乐播放器，让大家了解如何通过 Player 组件实现音乐媒体播放。在实际运用中，音乐播放器可进一步拓展在线播放网页音乐和播放本地视频文件等功能。可以利用 Button 按钮、Player 媒体音乐输出、Accelerometer Sensor 等几个组件，开发一个简易的音乐播放器。

1．音乐播放器功能描述

音乐播放器 App 的 UI 界面设计可参考图 5-42，其中各部件的功能如下。

- 播放功能：单击播放按钮，开始播放音乐。
- 停止播放功能：单击停止按钮后，停止播放当前音乐。
- 播放下一首歌功能：单击“下一首”按钮，播放的音乐更换为下一首歌。
- 摇晃换歌功能：当摇晃设备时，将会开始播放指定的歌曲。

图 5-42　音乐播放器界面

2．制作前的准备工作

（1）准备媒体资源

在“音乐播放器”应用中需要准备一张图片作为背景；选择你所喜欢的 3 首歌曲（音频）。如图 5-43 所示。

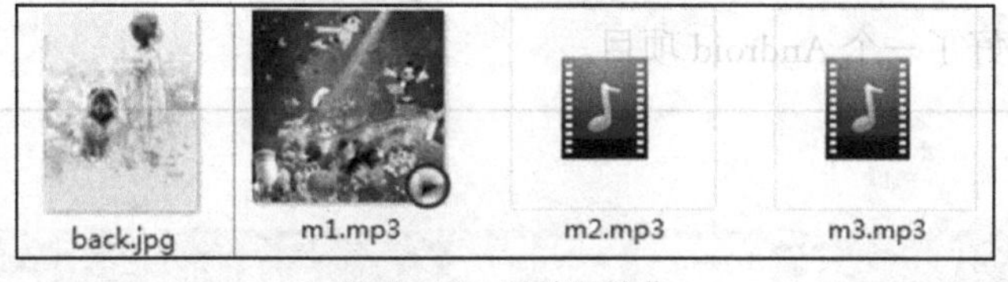

图 5-43　图片和歌曲

（2）认识 Components（组件）

在制作“音乐播放器”时要调用一些组件，下表列出的组件即为常用组件。

组件	调色板	解析
Player （媒体播放器）	Media	Player 是一个媒体播放组件，可以在 Designer 或 Blocks 添加或修改音频来源。在本应用中，Player 组件是通过 Blocks 编译器的 Player1.Source 方法进行设定
Button （按钮）	User interface	按钮组件可在程序中设定特定的单击动作。按钮知道使用者是否正在按它。可自由调整按钮的各种外观属性，或使用 Enabled 属性决定按钮是否可以被单击

续表

组件	调色板	解析
Accelerometer Sensor (晃动传感器)	Sensors	Accelerometer Sensor 是一个晃动传感器，当摇晃设备时将调用 shaking 方法触发事件。这里 shaking 触发的是播放音乐事件
Table Arrangement (表格排列)	Layout	Table Arrangement 是一个布局排版的组件，运用组件将可以让布局内的组件在一行中排成 4 个。而在 Layout 中还有 Horizontal Arrangement 和 Vertical Arrangement 两个组件分别代表一行中可排成 2 个组件和垂直中可排成 2 个组件。这里使用 Table Arrangement 组件

3. 制作过程

（1）创建 Android 项目

进入 App Inventor2 开发主界面，单击“Project”下拉按钮，选择“Start new project”后单击，然后输入项目名称，如输入“music”，如图 5-44 所示。

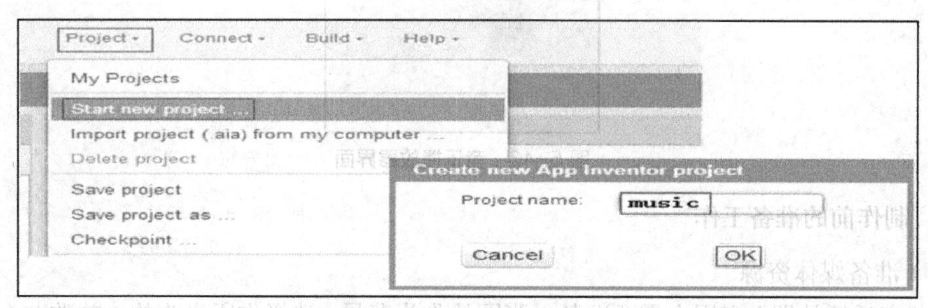

图 5-44 建立 music 项目

单击“OK”按钮后，网页将自动跳转到 Components Designer(设计师)界面，如图 5-45 所示，代表已创建好了一个 Android 项目。

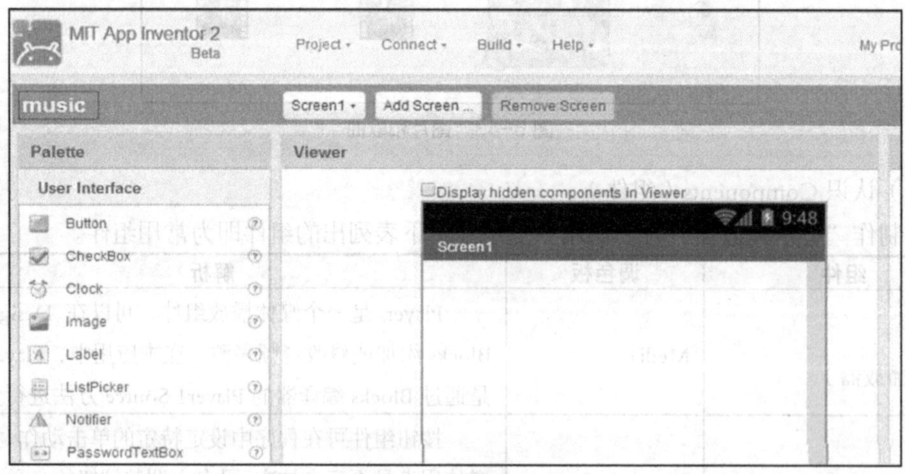

图 5-45 新建项目界面

（2）布局组件设计

音乐播放器界面一共包含 4 个 Components(组件)。这些组件分别是 Button、Player、Accelerometer Sensor、Table Arrangement。组件清单及属性设置见下表。

组件	调色板	命名	属性设置	作用
Button	User-Interface	start	Text 为“开始”	调用 Player.Start 方法播放音乐
		next	Text 为“下一首”	调用 Player.Start 方法播放音乐
		stop	Text 为“停止”	调用 Player.Stop 方法播放音乐
Player	Media	Player1		用于音乐音频输出
TableArrangement	Layout	TA1	Column 为 3 Rows 为 2	布局排版
Accelerometer Sensor	Sensors	ASensor1		摇晃设备时播放音乐

● 设置屏幕属性

设置项目的标题为“音乐播放器”，背景图片为“back.jpg”。如图 5-46 所示，在选中“Screen1”的状态下，单击右侧的“Properties”窗格中的“BackgroundImage”下设置区，单击“Upload File”按钮，按提示选择相应的图片文件为“back.jpg”，单击“OK”；然后再点击标题“Title”下设置区，输入“音乐播放器”；单击“AlignHorizontal”设置按钮，选择“Center”，使屏幕上的组件居中。

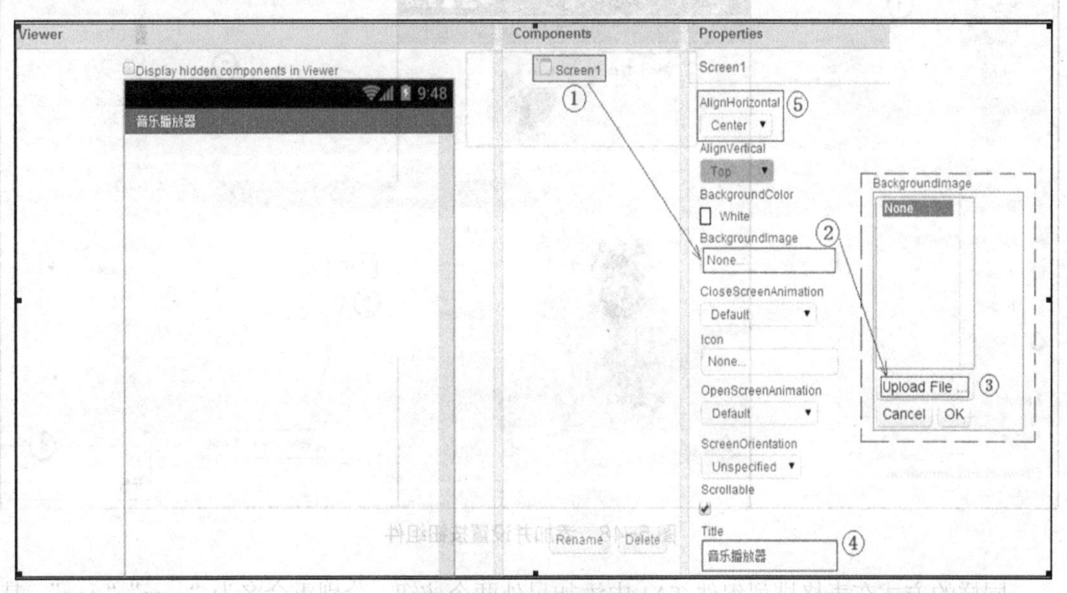

图 5-46 设置屏幕属性

● 布局组件的设计

首先，从 Palette（调色板）中选择“Layout”选项，选择“TableArrangement”拖动至窗口中部的 Viewer（指示器）中，并且重名组件名为“TA1”，设置该组件中排列方式为一行三列（Columns 值为 3，Rows 值为 2），过程如图 5-47 所示。

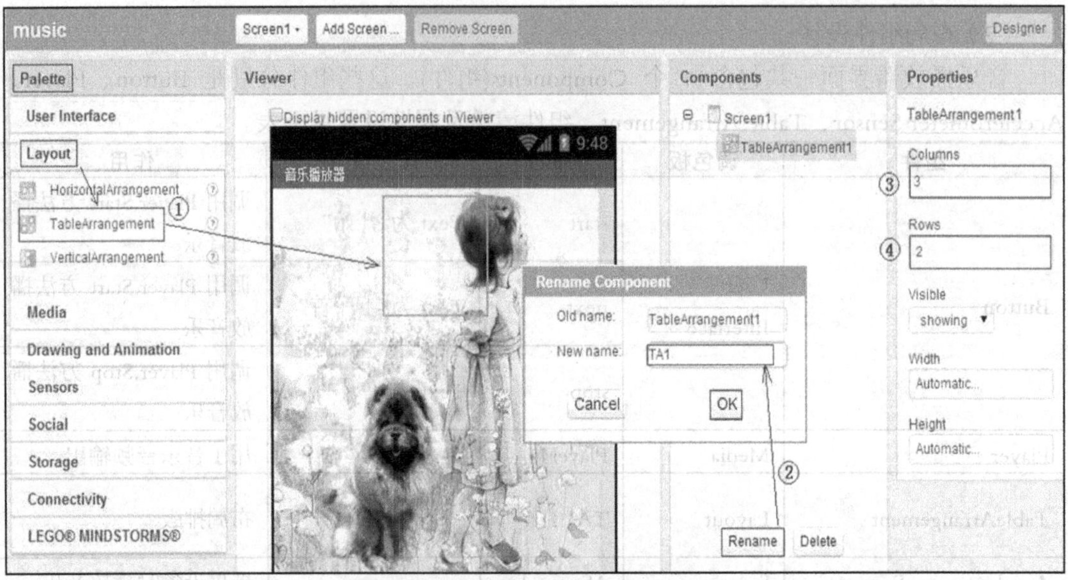

图 5-47　添加并设置表格排列组件

接下来，从 Palette（调色板）中选择“User interface”选项，选择“Button”拖动至窗口中部的 Viewer（指示器）中的表格排列组件 TA1 中，重命名组件名为“start”，设置该组件的 Text 属性为“开始”，过程如图 5-48 所示。

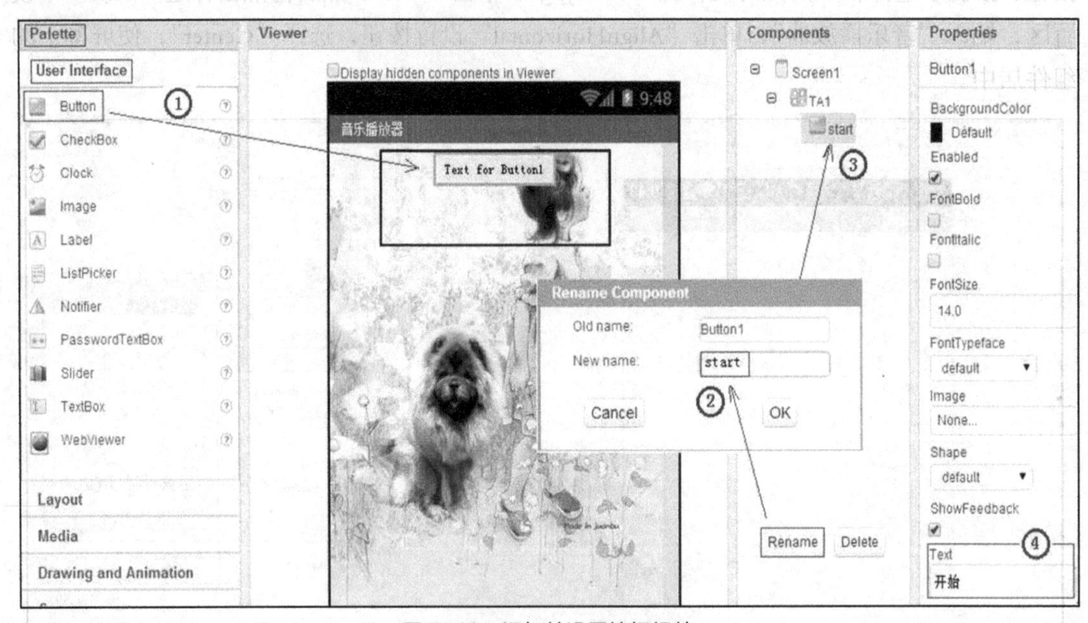

图 5-48　添加并设置按钮组件

同样的方式在表格排列组件 TA1 中添加另外两个按钮，分别重命名为“next”“stop”，其 Text 分别为“下一首”“停止”。

最后，从 Palette（调色板）中选择“Sensors”选项，选择“AccelerometerSensor”拖动至窗口中部的 Viewer（指示器）中，重名组件名为“AS1”；从 Palette（调色板）中选择“Media”选项，选择“Player”拖动至窗口中部的 Viewer（指示器）中。

● 上传媒体音频文件

在 App Inventor 2 的 Designer 页面，通过单击“Media”窗格中的“Upload new…”按钮，上传准备好的音频资源到项目中，如图 5-49 所示。

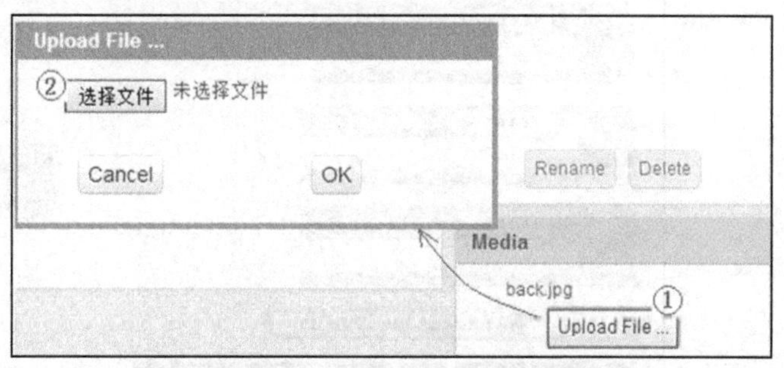

图 5-49　上传准备的音频文件

最终设置好的布局如图 5-50 所示。

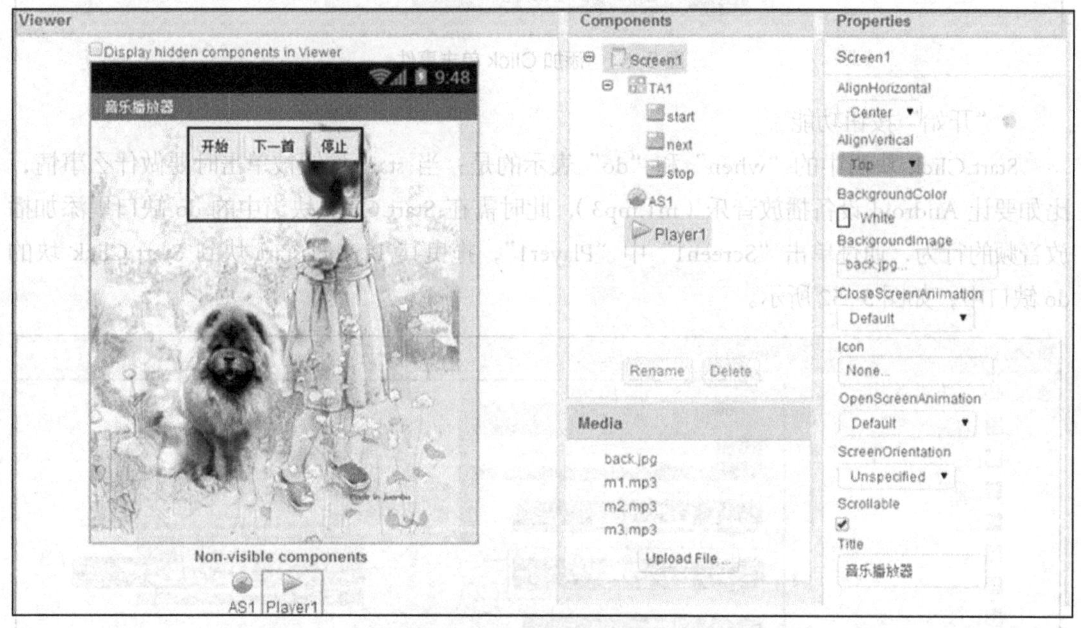

图 5-50　完整的布局界面

（3）组件的行为添加

完成了“音乐播放器”的布局后，需要对各组件添加一些行为，使 Android 设备能够播放出美妙的音乐。

单击主设计界面右上角的“Blocks”按钮，进入“Blocks Editor”(块编辑器)，单击“Blocks”下的“Screen1”可以看到在布局时设置的按钮、传感器等组件。单击组件中“Start”，就会弹出 Start 中关于 Button 组件的方法块，拖动其中的 start.Click 块到右边的空白区域，进行编程，如图 5-51 所示。

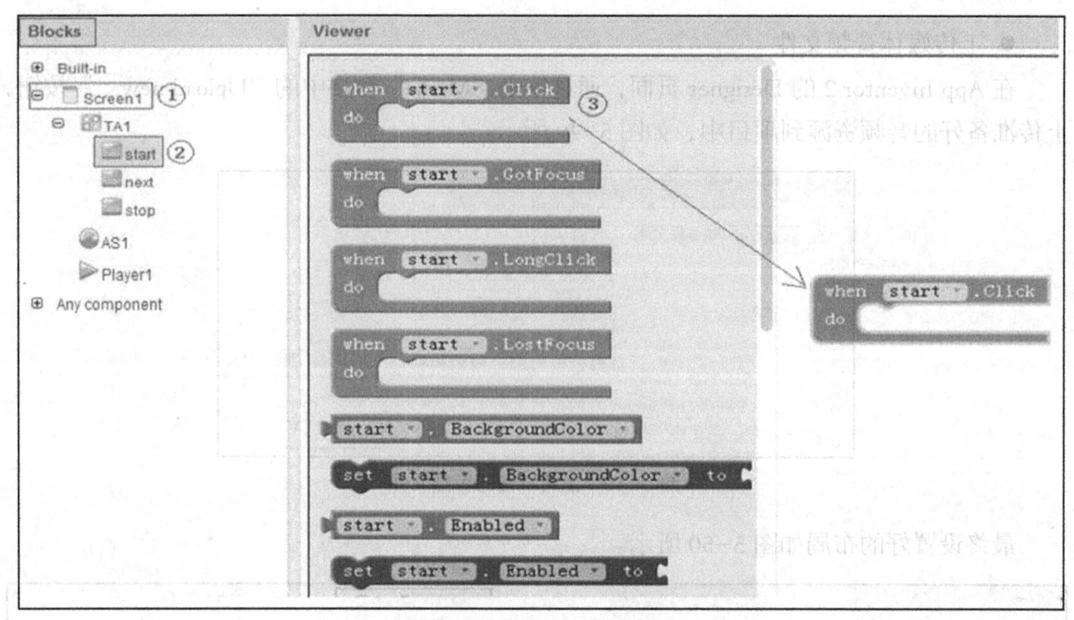

图 5-51　添加 Click 单击事件

● “开始”按钮功能

Start.Click 块当中的“when”和“do”表示的是：当 start 按钮被单击时要做什么事情，比如要让 Android 设备播放音乐（m1.mp3），此时需在 Start.Click 块当中的 do 缺口里添加播放音频的行为，通过单击“Screen1”中“Player1”，拖曳其 Player1.start 块到 Start.Click 块的 do 缺口中，如图 5-52 所示。

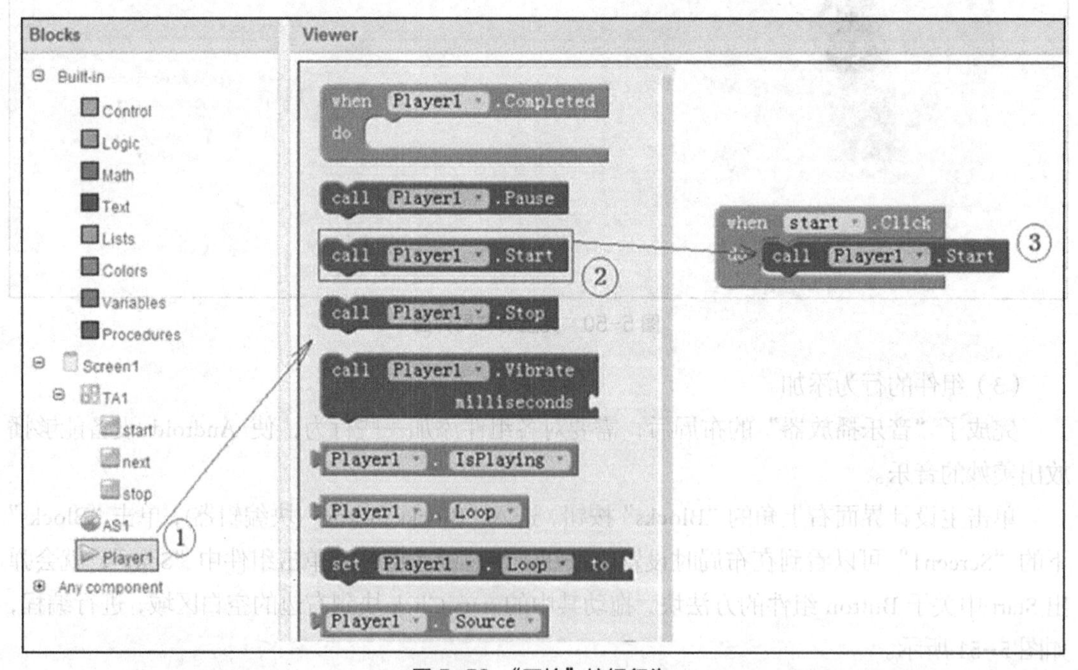

图 5-52　“开始”按钮行为

同时，初始化加载音乐音频文件的所需的 Blocks 块及拼接流程如图 5-53 所示。

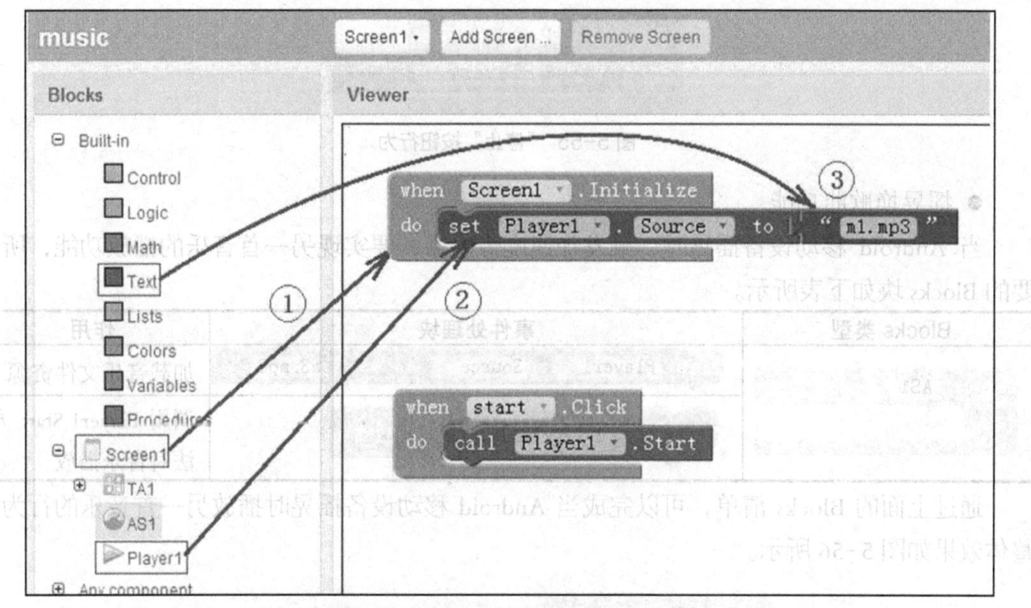

图 5-53　初始化加载音乐文件的行为

● “下一首”按钮功能

完成了“开始”按钮的功能，接下来我们实现“下一首”按钮播放下一首音乐的功能，所需要的 Blocks 块如下表所示。

Blocks 类型	事件处理块	作用
when next .Click do	set Player1 . Source to " m2.mp3 "	加载音乐文件资源
	call Player1 .Start	调用 Player1.Start 方法对音乐播放

通过上面的 Blocks 清单，可以完成一个播放下一首音乐的行为，整体效果如图 5-54 所示。

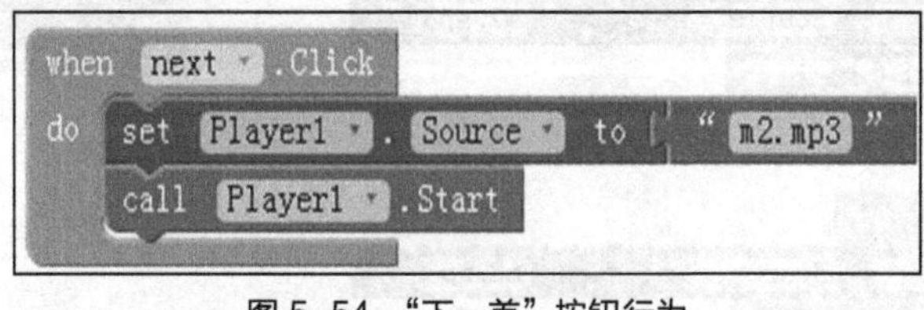

图 5-54　“下一首”按钮行为

● “停止”按钮功能

“停止”按钮要实现停止播放音乐的功能，所需要的 Blocks 块如下表所示。

Blocks 类型	事件处理块	作用
when stop .Click do	call Player1 .Stop	调用 Player1.Stop 方法停止音乐播放

通过上面的 Blocks 清单，可以完成停止播放音乐的行为，整体效果如图 5-55 所示。

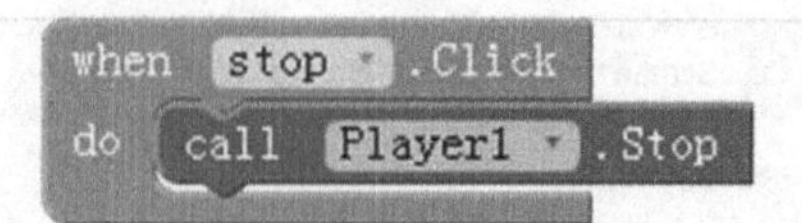

图 5-55 “停止”按钮行为

● 摇晃换歌曲功能

当 Android 移动设备摇晃时，触发加速度传感器，要实现另一首音乐的播放功能，所需要的 Blocks 块如下表所示。

Blocks 类型	事件处理块	作用
when AS1 .Shaking do	set Player1 . Source to “ m3.mp3 ”	加载音乐文件资源
	call Player1 .Start	调用 Player1.Start 方法对音乐播放

通过上面的 Blocks 清单，可以完成当 Android 移动设备摇晃时播放另一首音乐的行为，整体效果如图 5-56 所示。

```
when AS1 .Shaking
do  set Player1 . Source to “ m3.mp3 ”
    call Player1 .Start
```

图 5-56 “停止”按钮行为

● 整体代码

音乐播放器整体代码如图 5-57 所示，运行后进行必要的调试。

```
when Screen1 .Initialize
do  set Player1 . Source to “ m1.mp3 ”

when start .Click
do  call Player1 .Start

when next .Click
do  set Player1 . Source to “ m2.mp3 ”
    call Player1 .Start

when stop .Click
do  call Player1 .Stop

when AS1 .Shaking
do  set Player1 . Source to “ m3.mp3 ”
    call Player1 .Start
```

图 5-57 整体代码效果图

（4）打包 APK

当你完成了“音乐播放器”项目的布局和编程后，可以把工程打包成 APK 传到手机使用或与别人分享。

如图 5-58 所示，单击 App Inventor 2 开发界面的“Build”下拉按钮，选择“App（save .apk to my computer）”选项；如果一切正常，打包的进度条就会呈现在屏幕中间；当进度为 100% 时，即打包完成，生成的 APK 文件如图 5-59 所示。Google 浏览器会自动下载 apk 到浏览器默认的下载目录中，只需把它拷贝到手机中安装就可以使用。

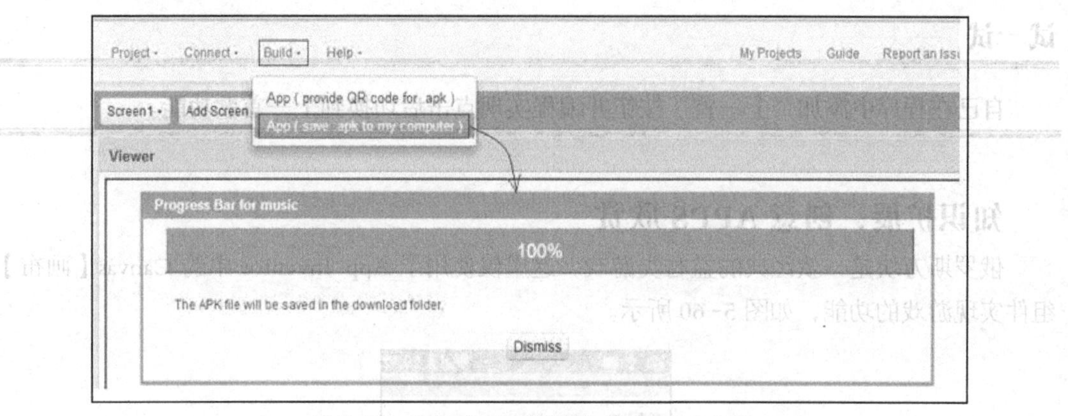

图 5-58 打包“音乐播放器”生成 APK 文件

图 5-59 生成的 APK 文件

知识小链接：编程基础知识

1. 变量

变量来源于数学，是计算机语言中能存储计算结果或表示值的抽象概念。在 AI 中，变量首先要声明，声明后的变量才可以通过 get 模块调用。声明时需要定义变量名，变量名要以英文字母或下划线开头，不能以数字开头，不能使用中文。变量命名的原则是便于理解程序，可以使用英文或拼音等简写。AI 中的变量类型有数字型（number）、字符型（text）、列表型（list）和逻辑型（logic）。变量声明时需要初始化赋值，变量类型根据赋值的类型来确定，如变量值为 true 则为逻辑型，empty list 为列表型。变量包括全局（globle）变量和局部（local）变量。全局变量在整个 App 中都可以调用，而局部变量只能在事件模块中调用。

2. 属性

组件属性是 AI 中用来设置组件的大小、颜色、位置、速度等功能，模块用绿色显示。属性多为成对出现，如 set Button.Text to 表示设置按钮的文本，而 Button.Text 为调用 Button 的文本。组件属性都有其自身属性，多用来与 list 结合使用，另外属性设置可以在前端 UI 界面设置，也可以在 Blocks 模块中设置，可以根据习惯需要选择，在前端 UI 设置比较直观方便，建议使用此种方法。

3. 事件

事件类型是 App Inventor 的一个重要概念，用来连接不同的程序动作，如按钮的单击、长按等，当单击按钮或满足其他条件时激活其他的程序运行，Blocks 中一般用 when…Click、do…表示，为暗黄色马蹄形，不是所有的组件都有事件类型。

4. 方法

方法是直接触发组件的一个内部程序，如隐藏键盘、弹出对话框、保存数据等，不是所有的组件都有方法类型。方法不能单独使用，必须在事件模块中才能激活，模块中用紫色来表示。

试一试

自己在程序中添加“上一首”按钮并编程实现点击后切换到上一首歌功能。

知识扩展：创意 APPS 欣赏

俄罗斯方块是一款经典的益智类游戏，这里仅使用了 App Inventor 中的 Canvas【画布】组件实现游戏的功能，如图 5-60 所示。

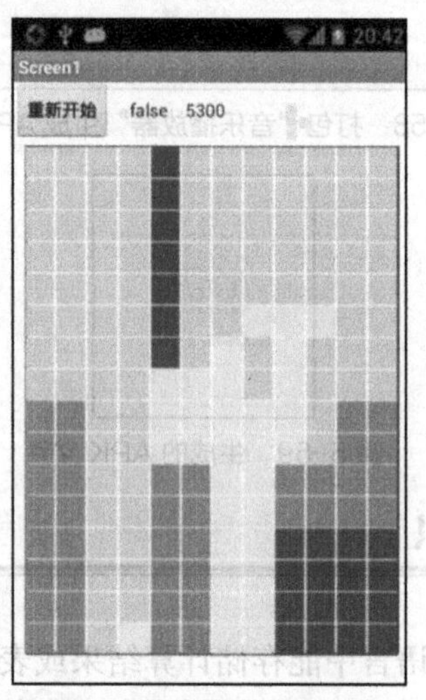

图 5-60 《俄罗斯方块》

《2048》是比较流行的一款数字游戏，如图 5-61 所示。原版 2048 首先在 GitHub 上发布，原作者是 Gabriele Cirulli。它是基于《1024》和《小 3 传奇》的玩法开发而成的新型数字游戏。有些 App Inventor 用户用 canvas 和精灵加 tiny db 制作出了 2048 游戏。

图 5-61 《2048》

用 Tiny WebDB 组件访问 Web 信息源（Amazon API）有人做出了《亚马逊掌上书店》演示了如何使用 App Inventor 来创建与 web service 进行交互的应用（web service 又称作 API 或应用程序接口）。自己创建一款定制的应用来访问亚马逊网上书店，如图 5-62 所示。

图 5-62 《亚马逊掌上书店》

App Inventor 内置了乐高 API，可以开发 Android 手机遥感遥控乐高机器人的应用，如图 5-63 所示。

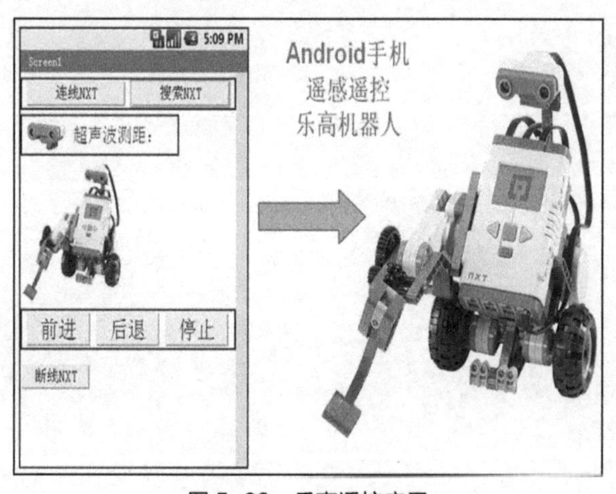

图 5-63 乐高遥控应用

扩展阅读

1.《App Inventor——Create Your Own Android Apps》的中文译本。（App Inventor 参考手册里面有大量的实用资料）

http://www.17coding.net/

2. 老巫婆的博客(《App Inventor——Create Your Own Android Apps》翻译者的博客)
http://blog.sina.com.cn/s/articlelist_1646365593_7_1.html

项目小结

通过该项目的学习和实践操作，小董同学对安卓手机 APPS 编程充满了兴趣，他可以在自己的计算机上搭建 App Inventor2 开发环境，熟悉了“三大作业面”，根据需求选择相应的开发“组件”，通过程序“积木块”拼接逻辑，制作出了音乐播放器等应用；能够把音乐播放器等项目打包上传，安装到手机上进行应用，也可以将自己开发的应用程序上传至安卓商店供网友下载使用。通过实践小董同学对移动互联应用有了进一步的认识，为后续的进一步学习奠定了基础，激发了学习兴趣和创新意识。

PART 3

项目三 DIY PVCBOT

项目目标

可以制作自己的第一个机器人，熟悉 PVCBOT 的制作流程，摸清 PVC 材料的习性，掌握简单的电路和机械构造知识，练习焊接技术，为成为一个“创客”打基础。能通过欣赏 PVCBOT 作品开阔眼界，有能力的读者可以结合树莓派或者 Arduino 开发板创造出“有大脑”的机器人，同时可以在 App Inventor 下开发相应的手机控制应用程序。

知识准备

“PVCBOT“的本意就是以 PVC 材料作为基本结构来制作的机器人。PVC 是一种塑料，这里所说的 PVC 材料其实就是平常在网络或者电路布线时所用到的 PVC 线槽。如图 5-64 所示。

通常主要使用白色方形管状的 PVC 线槽，比较容易找得到且价格便宜，在普通的五金商店几块钱就可以买得到很多。由于我们这里将要分享的都是比较小型甚至微型的机器人，对材料的机械强度要求也不高，所以采用 PVC 线槽算是一种很适合的材料。而且 PVC 线槽加工起来还很简单方便，相对于对金属材料进行加工时所需要的机床等专业设备，加工 PVC 线槽只是需要“大剪刀+美工刀+小锥子”的组合，用比较容易掌握的类似“手工剪纸”的方式就可以很好地完成。另外由于这里涉及的机器人体型小，所以开展活动时所需要的场地空间不大，同时对各种器件的性能要求也没有那么高，整体成本也相对较低。

图 5-64　PVC 材料

项目实施

任务 1 动手制作 PVCBOT——电子手工焊接技术

在电子制作中，元器件的连接处需要焊接。焊接的质量对制作的质量影响极大。所以，学习电子制作技术，必须掌握焊接技术，练好焊接基本功。

1. 焊接工具

（1）电烙铁

电烙铁是最常用的焊接工具。我们使用内热式电烙铁如图 5-65 所示。

新烙铁使用前，应用细砂纸将烙铁头打光亮，通电烧热，蘸上松香后用烙铁头刃面接触焊锡丝，使烙铁头上均匀地镀上一层锡。这样做，可以便于焊接和防止烙铁头表面氧化。旧的烙铁头如严重氧化而发黑，可用钢锉去掉表层氧化物，使其露出金属光泽后，重新镀锡，才能使用。

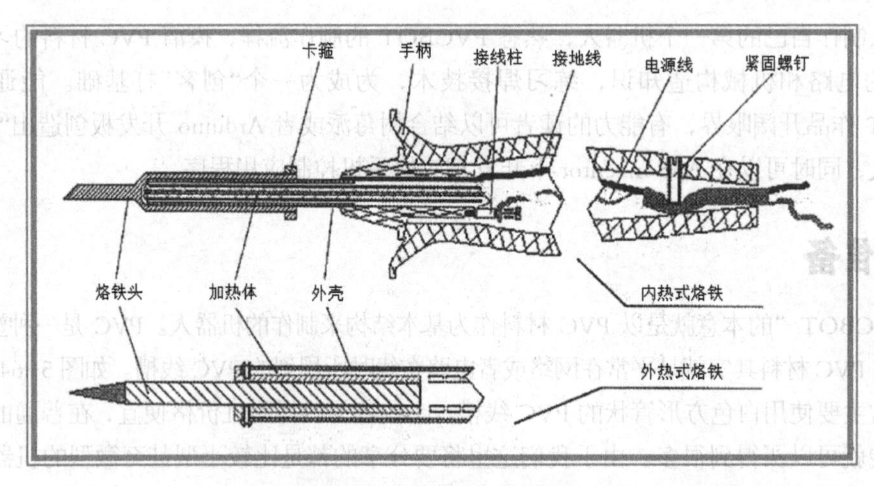

图 5-65 典型内热式电烙铁

电烙铁要用 220V 交流电源，使用时要特别注意安全。应认真做到以下几点。

① 电烙铁插头最好使用三极插头。要使外壳妥善接地。

② 使用前，应认真检查电源插头、电源线有无损坏，并检查烙铁头是否松动。

③ 电烙铁使用中，不能用力敲击。要防止跌落。烙铁头上焊锡过多时，可用布擦掉。不可乱甩，以防烫伤他人。

④ 焊接过程中，烙铁不能到处乱放。不焊时，应放在烙铁架上。注意电源线不可搭在烙铁头上，以防烫坏绝缘层而发生事故。

⑤ 使用结束后，应及时切断电源，拔下电源插头。冷却后，再将电烙铁收回工具箱。

（2）焊锡和助焊剂

焊接时，还需要焊锡和助焊剂。

① 焊锡。焊接电子元件，一般采用有松香芯的焊锡丝如图 5-66 所示。这种焊锡丝，熔点较低，而且内含松香助焊剂，使用极为方便。

② 助焊剂。常用的助焊剂是松香或松香水(将松香溶于酒精中)。使用助焊剂，可以帮助清除金属表面的氧化物，利于焊接，又可保护烙铁头。焊接较大元件或导线时，也可采用焊锡膏。但它有一定腐蚀性，焊接后应及时清除残留物。

图5-66 焊锡丝

（3）辅助工具

为了方便焊接操作常采用尖嘴钳、偏口钳、镊子和小刀等作为辅助工具，并正确使用这些工具。

2．焊前处理

焊接前，应对元件引脚或电路板的焊接部位进行焊前处理。

（1）清除焊接部位的氧化层

① 可用断锯条制成小刀，刮去金属引线表面的氧化层，使引脚露出金属光泽。

② 印刷电路板可用细纱纸将铜箔打光后，涂上一层松香酒精溶液。

（2）元件镀锡

在刮净的引线上镀锡。可将引线蘸一下松香酒精溶液后，将带锡的热烙铁头压在引线上，并转动引线，即可使引线均匀地镀上一层很薄的锡层。导线焊接前，应将绝缘外皮剥去，再经过上面两项处理，才能正式焊接。若是多股金属丝的导线，打光后应先拧在一起，然后再镀锡。

3．焊接技术

做好焊前处理之后，就可正式进行焊接。

（1）焊接方法

① 右手持电烙铁。左手用尖嘴钳或镊子夹持元件或导线，如图5-67所示。焊接前，电烙铁要充分预热。烙铁头刃面上要吃锡，即带上一定量焊锡。

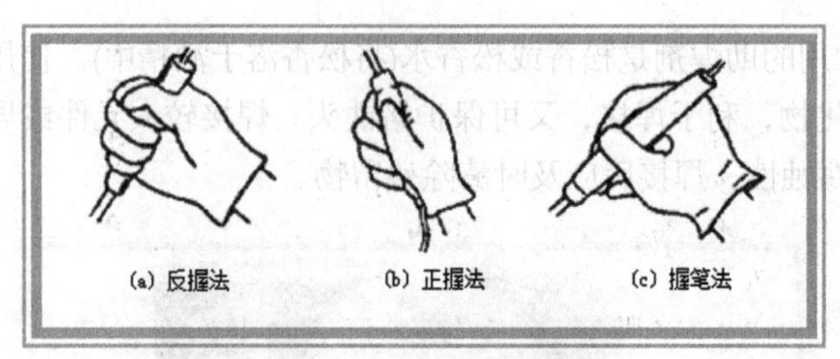

图 5-67　手持烙铁手法

② 将烙铁头刃面紧贴在焊点处。电烙铁与水平面大约成 60º 角，以便于熔化的锡从烙铁头上流到焊点上。烙铁头在焊点处停留的时间控制在 2 ~ 3s。如需加焊锡，可用图 5-68 所示的手法手持焊锡丝。

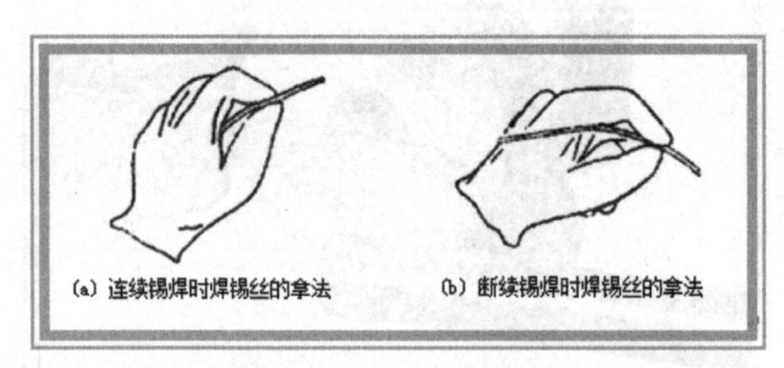

图 5-68　手持焊锡丝手法

③ 抬开烙铁头。左手仍持元件不动。待焊点处的锡冷却凝固后，才可松开左手。

④ 用镊子转动引线，确认不松动，然后可用偏口钳剪去多余的引线。

五步法训练：作为一种初学者掌握手工锡焊技术的训练方法，五步法是卓有成效的。正确的五步法如图 5-69 所示。

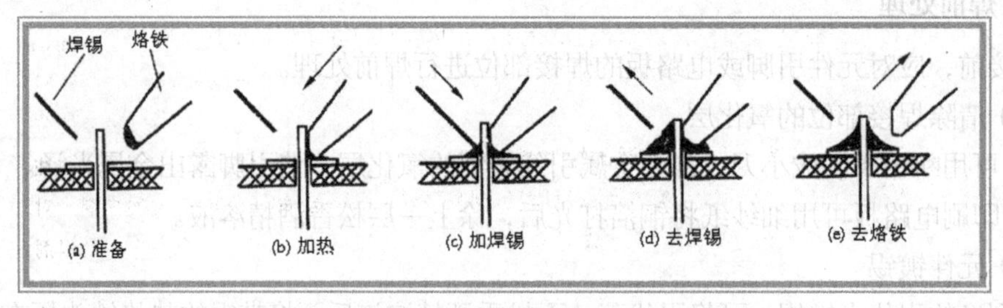

图 5-69　五步法训练

（2）焊接质量

焊接时，要保证每个焊点焊接牢固、接触良好。要保证焊接质量。

如图 5-70（a）所示合格焊点应是锡点光亮，圆滑而无毛刺，锡量适中。锡和被焊物融合牢固，不应有虚焊和假焊。

虚焊是焊点处只有少量锡焊住，造成接触不良，时通时断。假焊是指表面上好像焊住了，但实际上并没有焊上，有时用手一拔，引线就可以从焊点中拔出。这两种情况将给电子制作的调试和检修带来极大的困难。只有经过大量、认真的焊接实践，才能避免这两种情况。

焊接电路板时，一定要控制好时间，时间太长，电路板将被烧焦，或造成铜箔脱落。从电路板上拆卸元件时，可将电烙铁头贴在焊点上，待焊点上的锡熔化后，将元件拔出。

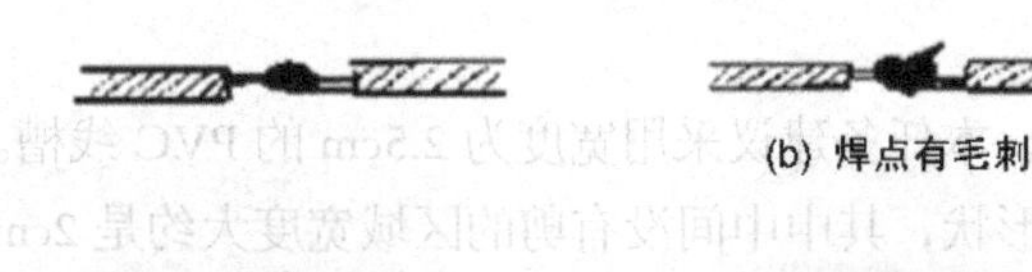

(b) 焊点有毛刺

(c) 锡量过少

(a) 合格焊点

(d) 蜂窝状虚焊

(e) 锡量过多

图 5-70 焊接质量对比

试一试

在洞洞板上焊接 LED 发光二极管和拨动开关等电子元件来练习电子焊接技术，接什么具体的电子元件不作要求，达到巩固练习的效果即可，如图 5-71 所示。

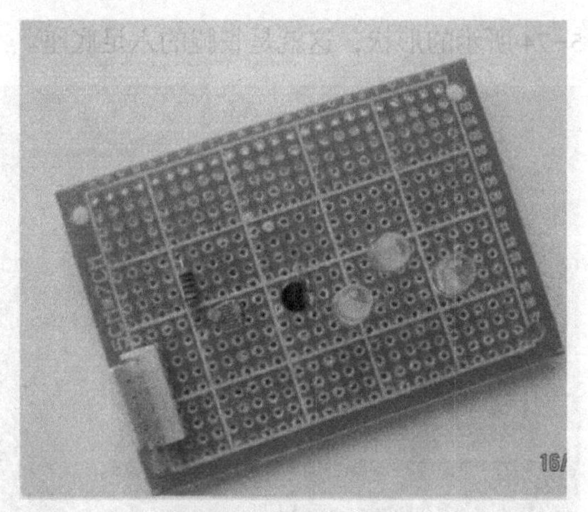

图 5-71 电子元件焊接

任务 2 动手制作 PVCBOT——暴走臭虫

1. 实验器材

实验器材主要包括：PVC 线槽、震动马达、钮扣电池/钮扣电池盒、LED 发光二极管、拨动开关等，如图 5-72 所示。

图 5-72 所需材料

2．制作过程

用剪刀裁一根长 9cm 的 PVC 方条，本任务建议采用宽度为 2.5cm 的 PVC 线槽。

用剪刀把方条剪成图 5-73 所示的形状，其中中间没有剪的区域宽度大约是 2cm。

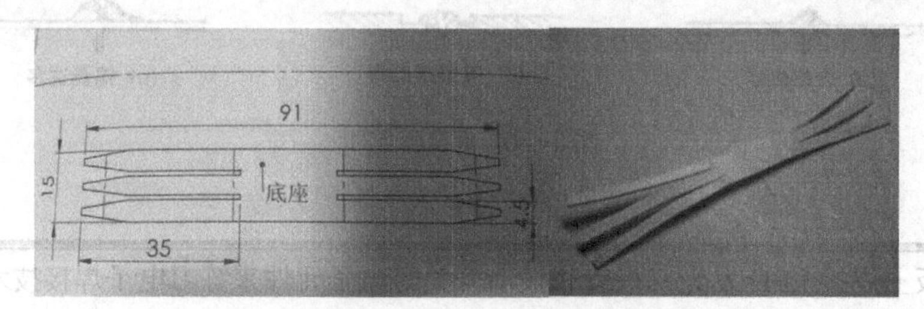

图 5-73　尺寸示意图

再用尖嘴钳折成图 5-74 所示的形状，这就是长腿的六足底座。

图 5-74　六足底座

把钮扣电池盒的正极引脚折平。选择的震动马达如果是圆柱形的，用胶水比较难固定，这里选择的是把震动马达竖立安装在钮扣电池盒的前端突出部，并且用透明胶布包住震动马达，围绕着电池盒缠上几圈，相当于把震动马达绑在钮扣电池盒前端。因为钮扣电池盒的边缘比较低，透明胶布会高出一截；之后还需要沿着钮扣电池盒边缘用剪刀把多出的透明胶布剪掉，也可以用热封胶固定，如图 5-75 所示。

图 5-75　包住震动马达

小贴士

本实践活动中机器人的动力依靠的是震动波，即用震动器带动整个机器人身体发生震动，当机器人重量较轻且支撑不是很平稳的时候，机器人就会发生位置的移动。这里所谓震动器，其实就是我们手机中实现震机的震动马达，其原理就是通过旋转的马达带动一个位于偏心轮上的摆锤，由于摆锤的重心是位于旋转的轴上的一边，在马达转动的过程中，就会由摆锤的重量不断循环地在转轴的周围产生一个离心的外力（即交替忽上忽下、忽左忽右的摆动），从而导致马达的震动，如图 5–76 所示。

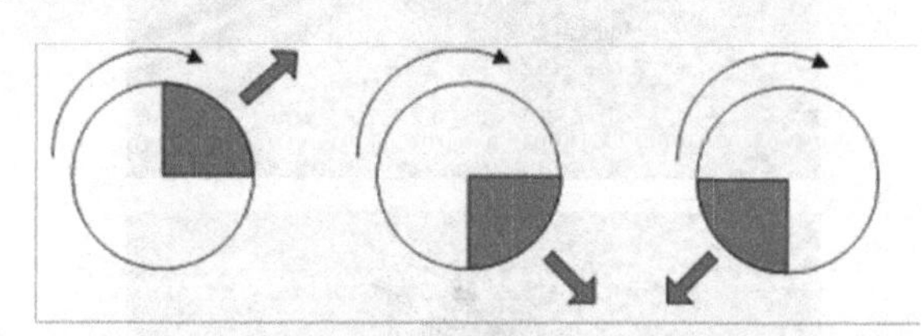

图 5–76　偏心震动示意图

将六足底座按图 5–77 所示用 502 胶水粘贴在钮扣电池盒的底部，如图 5–77 所示。

图 5–77　粘贴六足底座

用少量的 502 胶水，把拨动开关粘贴在六足底座上。特别注意控制 502 胶水的用量，避免胶水渗入开关导致其失效。如图 5–78 所示。

图 5–78　粘贴拨动开关

给机器人装上两只 LED 发光二极管做的眼睛。这里 LED 发光二极管的造型固定是依靠把震动马达绑在电池盒上的透明胶布，原来的透明胶布是绑了好几圈的，这里直接把 LED 发光二极管的引脚插入到这些透明胶布的中间层。然后再可以发光二极管从前端部分开始折弯，即摆成眼睛向前的造型。如图 5-79 所示。

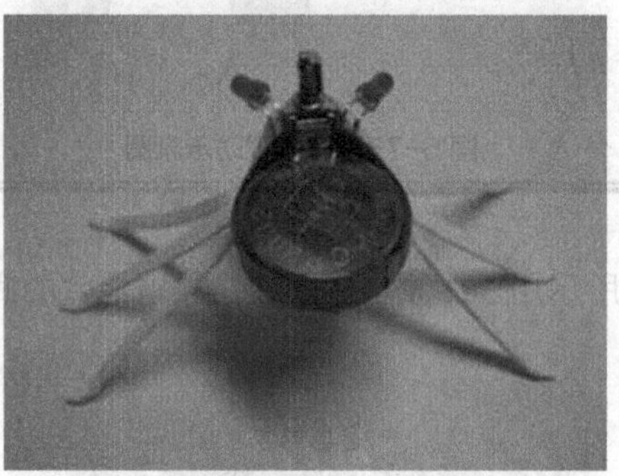

图 5-79　装上 LED 作眼睛

小贴士

由于 LED 发光二极管是依靠引脚插在透明胶布中进行造型固定的，所以焊接发光二极管的引脚时要尽量缩短时间，以免温度过高把透明胶布给熔断了。

按照电路原理图、电路接线图或者下面的焊接示意图把线路焊接好来，并装上钮扣电池、打开拨动开关进行测试，确保能够正常启动。如图 5-80 和图 5-81 所示。

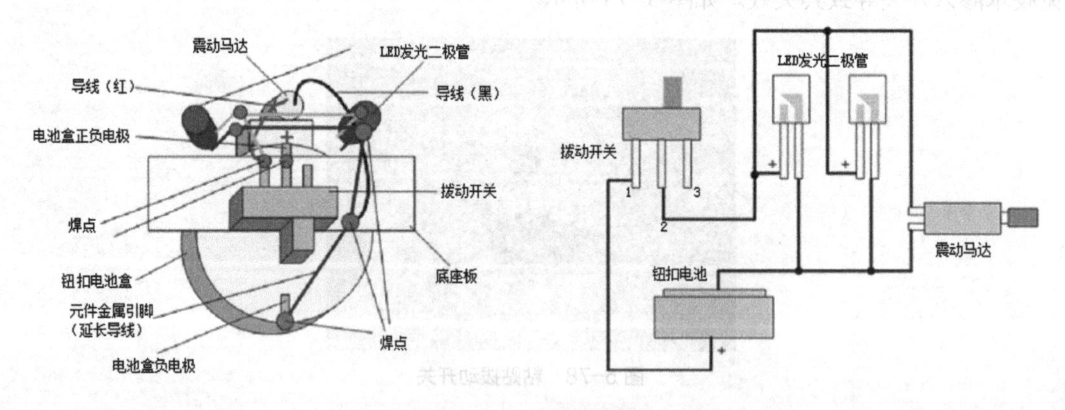

图 5-80　焊接示意图

图 5-81　焊接效果图和最终完成图

知识小链接：如何判别 LED 二极管的引脚？

方法 1：如果是全新的 LED 二极管，一般它的两个引脚的长度是有区别的，通常长的那个引脚为正极，即电子符号的喇叭口一端。

方法 2：LED 二极管外壳是透明的，可以透过管壳直接看到里面的电极，连接内部三角形大电极的引脚是负极，另一个连接内部小电极的引脚是正极，如图 5-82 所示。

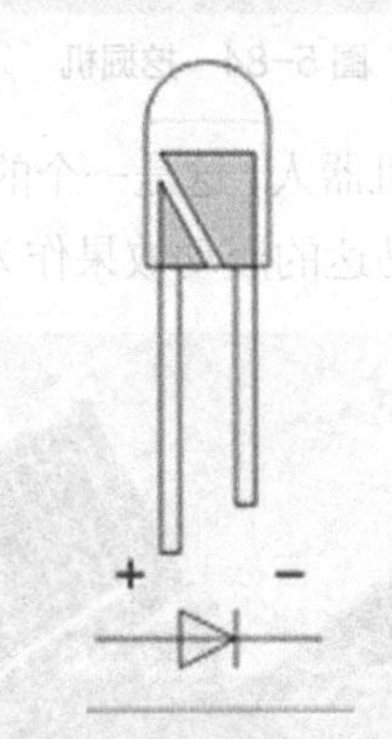

图 5-82　二极管示意图

知识扩展：PVCBOT 作品欣赏

悬崖巡边小车，如图 5-83 所示，基本原理是伸出来的手臂同步控制前轮的转向：当处于直线的悬崖边缘，前轮向前小车也向前；当处于悬崖拐角，前轮向悬崖内侧转，小车也向内侧转弯。

图 5-83 悬崖巡边小车

“挖掘机技术哪家强？”挖掘机那么火，谁也不能落后啊，赶紧 DIY 一台 PVC 版的挖掘机，如图 5-84 所示。

图 5-84 挖掘机

“晒太阳的蚊子”——太阳能动力机器人，这是一个的以太阳能为能源的特殊移动机器人，即以太阳能电池为电源，以偏心摆锤马达的震动效果作为挪动的动力，如图 5-85 所示。

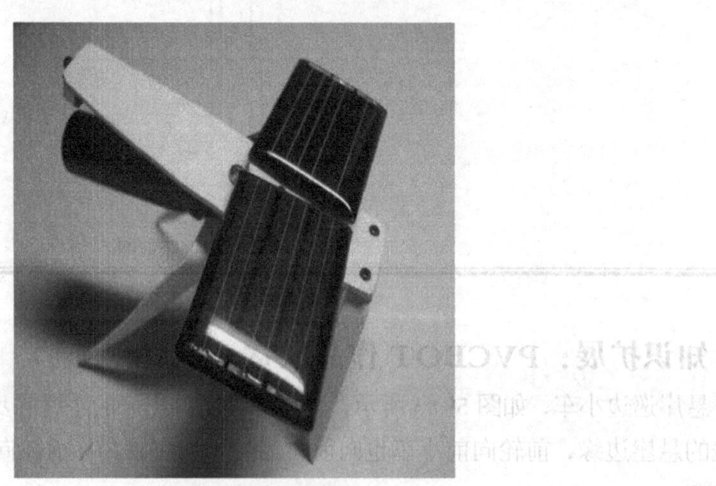

图 5-85 晒太阳的蚊子

与单片机结合的 PVC 六足机器人，相当不错的作品，如图 5-86 所示。

图 5-86 六足机器人

知识小链接：创客

创客”一词来源于英文单词“Maker”，是指出于兴趣与爱好，努力把各种创意转变为现实的人。创客以用户创新为核心理念，是创新 2.0 模式在设计制造领域的典型表现。创客们作为热衷于创意、设计、制造的个人设计制造群体，最有意愿、活力、热情和能力在创新 2.0 时代为自己，同时也为全体人类去创建一种更美好的生活。

创客运动最重要的标志是掌握了自生产工具，他们是一群新人类。坚守创新，持续实践，乐于分享并且追求美好生活的人。简单来说就是：玩创新的一群人。

扩展阅读

1. 零基础教你学习电子焊接（电子产品世界-文章） http://forum.eepw.com.cn/thread/262486/1	
2. DIY 机械挖掘机“挖掘者”（果壳网-教程） http://www.guokr.com/article/440298/	
3. 502 胶水使用方法及注意事项（网易博客-文章） http://blog.163.com/pvc_robot/blog/static/175276432201191410165992/	
4. 万用表使用方法图解（电子产品世界-文章） http://www.eepw.com.cn/article/269317.htm	

项目小结

通过该项目的实施小董同学制作出自己的第一个机器人——“暴走臭虫”，通过机器人的制作掌握了较好的电子焊接技术，为物联网设备安装与维护工作奠定了基础；熟悉了 PVCBOT 简易机器人的制作流程，为一个“创客”打好基础；通过欣赏 PVCBOT 作品开阔眼界，增强了自信心，激发了学习兴趣，在动手实践和思考中体会了“创造”的乐趣。

综合评价

任务完成度评价表

任务	要求	权重	分值
树莓派的设置和使用	能够连接树莓派使它上电开机运行；能够安装配置树莓派系统使他能正常使用	25	
App Inventor 离线版安装与配置	能够搭建 AppInventor2 开发环境，根据设计布局组件	10	
使用 App Inventor 开发例子程序	能够根据设计的布局添加相应的行为，保证相关的组件达到各自的功能 能够把设计完成的项目打包上传，安装到手机上进行应用	30	
暴走臭虫的制作	能动手完成制作“暴走臭虫”	20	
创意与创新	在基础项目完成上有创意创新	12	
作品呈现与汇报	呈现项目实施效果，做项目总结汇报	3	

附录　本教材使用的设备、配件和材料参考

项目	物品名称	数量	型号	配置要求
体验传感器技术	主控板一块	1块	Arduino UNO（DFRduino UNO R3)	每小组一套
	扩展板	1块	兼容UNO的扩展板（IO传感器扩展板V7.1）	每小组一套
	LED灯模块（红、白等颜色）	5个	Arduino 套件之DFR0021	每小组一套
	人体热释电红外传感器	1个	Arduino 套件之SEN0018	每小组一套
	环境光传感器	1个	Arduino 套件之DFR0026	每小组一套
	LM线性温度传感器	1个	Arduino 套件之DFR0023	每小组一套
	火焰传感器	1个	Arduino 套件之DFR0076	每小组一套
	GP2Y0A21距离传感器	1个	Arduino 套件之SEN0014	每小组一套
	绿红黑数字连接线	10条	Arduino 套件	每小组一套
	蓝红黑模拟连接线	10条	Arduino 套件	每小组一套
	打火机	1个		每小组一套
	USB数据线	1条		每小组一套
体验条码识别技术	条形码打印机	1个	新大陆 NLE-PT01	全班一套
	手持式扫描枪	1个	新大陆 NLE-SC02	全班四套
体验 RFID技术	电子标签制作箱	1个	海鼎 TP-03	全班一套
	RFID标签展示实验箱	1个	海鼎 TP-01	全班一套
感受智能家居应用	智能家居样板间	1个	企想 QX-WYBJ-JJ	全班一套

续表

项目	物品名称	数量	型号	配置要求
体验智能农业应用	智能农业应用套件	1个	新大陆NLE-JS2030	全班一套
感受智慧医疗应用	智慧医疗实验箱	1个	新大陆NLE-PTB01	全班一套
爱上树莓派	树莓派2开发板	1块	2代开发板	每小组一套
	闪迪SD 16GB卡	1个	class 10	每小组一套
	电源线micro USB	1条	micro口	每小组一套
	HDMI转VGA的转接线	1条	最好为有源（显示器如果是HDMI接口的可直接使用HDMI连接）	每小组一套
	USB鼠标键盘	1条		每小组一套
	USB无线网卡	1块	兼容树莓派	每小组一套
	USB电源适配器	1个	输出最好为2A	每小组一套
DIY PVCBOT	扁平震动马达	1个	手机震动马达	每小组一套
	小拨动开关	1个		每小组一套
	钮扣电池型号CR2032	1块	CR2032	每小组一套
	钮扣电池盒配电池型号CR2032	1个		每小组一套
	二极管LED发光二极管	2个		每小组一套
	导线随机1根	1条		每小组一套
	万用表	1个	数字5	每小组一套
	电子焊接电烙铁	1个		每小组一套
	焊锡丝	1段		每小组一套
	美工刀	1把		每小组一套
	钳子	1把		每小组一套
	铅笔	1根		每小组一套
	橡皮	1块		每小组一套
	钢尺	1把		每小组一套
	剪刀	1把		每小组一套
	透明胶带、双面胶带、电工胶布	1卷		每小组一套
	502胶水	1瓶		每小组一套